## “中等职业教育分析检验技术专业系列教材”编委会

"十二五"职业教育国家规划教材
经全国职业教育教材审定委员会审定

中等职业教育分析检验技术专业系列教材

# 试样的采集与制备

第二版

黄　虹　李春香　主编
姜淑敏　主审

化学工业出版社
·北京·

## 内容简介

《试样的采集与制备》为“十二五”职业教育国家规划教材，本次修订在编写体例上仍采用项目任务的编排方式，内容的选择上，充分考虑中职学生的特点，图文并茂、由浅入深，在文中设置有“看一看”“讨论与交流”“知识链接”“安全提示”等模块，提高学生学习兴趣，帮助学生加深理解。本书配套有二维码资源，用手机扫一扫即可观看拓展知识、视频及动画。全书由绪论和6个项目组成，主要内容有采样的基本知识、采集和处理固体样品、采集和处理液体样品、采集和处理气体样品、常用的试样分解方法、特殊检测样品的采集与制备。

本书可作为中等职业院校分析检验技术专业及相关专业的教材，也可作为从事分析检验工作人员的培训教材和参考书。

**图书在版编目（CIP）数据**

试样的采集与制备/黄虹，李春香主编．—2版．—北京：化学工业出版社，2023.3（2024.8重印）

ISBN 978-7-122-42724-3

Ⅰ．①试… Ⅱ．①黄…②李… Ⅲ．①化学分析-采样-中等专业学校-教材 Ⅳ．①O652

中国国家版本馆CIP数据核字（2023）第006411号

责任编辑：刘心怡　张双进　　　装帧设计：关　飞
责任校对：王　静

出版发行：化学工业出版社
（北京市东城区青年湖南街13号　邮政编码100011）
印　　装：河北鑫兆源印刷有限公司
787mm×1092mm　1/16　印张13　字数220千字
2024年8月北京第2版第2次印刷

购书咨询：010-64518888　　售后服务：010-64518899
网　　址：http://www.cip.com.cn
凡购买本书，如有缺损质量问题，本社销售中心负责调换。

定　　价：36.00元　

# 前言 QIANYAN

本书是中等职业学校分析检验技术专业试样的采集与制备课程配套的教材，是在“试样的采集与制备”工作任务与职业能力分析的基础上编写的，以工作任务为引领，通过工作任务整合相关知识、技能、素质要求，强调理论和实践一体化。

科学的样品采集与制备技术在分析检测中占据着举足轻重的地位，在农业、食品、饲料、医学检验、环境监测等相关行业进行分析检验工作时采集与制备样品也是必须具备的基础知识和基本技能。随着各种高精密高自动化的先进仪器不断出现，样品分析工作能够快速而准确地进行，样品的采集和制备由于工作的复杂性和多样性，成为分析检验工作的瓶颈。

本书不仅涵盖了采样的基础知识，介绍了如何采集和处理固体、液体、气体样品外，还拓展了大量的内容，收集了在分析检测领域有关样品采集和制备的最新素材，如：病毒核酸检测标本的采集和送检；采集样品的管理流程；药品的留样与稳定性观察；采集与制备土壤非均匀固体样品；瓜果样品的采集、制备与保存；口岸检测样品的采集、运送交接；$PM_{2.5}$测定样品的采集与保存；供微生物检测的样品采集与保存；样品接收、制备、留存在实验室信息管理系统中应用。在内容的选择上，充分考虑中职学生的特点，让学生在做中学，学中做，项目中包含任务，任务的构架以任务目标、任务描述、任务实施、任务检查、任务评价的形式循序展开；每个项目后还增加了知识链接二维码课件及练一练、测一测，充分调动同学们的学习兴趣，拓宽了试样采集和制备的相关知识。本教材在纸质教材的基础上，配套了多样化的数字教学资源，如 PPT、习题答案（下载网址：www.cipedu.com.cn），二维码链接的动画、视频。通过纸媒融合、数字增值，提高教材质量。在内容上突出通用性与标准化，既书中所涉及的各种技术均以最新的国家（国际）标准为准，没有国家（国际）标准的以目前最常用、社会公认的行业标准或实验室惯用标准为准，与行业、企业接轨，体现了教材的科学性、先进性。

本书由上海信息技术学校黄虹担任第一主编，新疆轻工职业技术学院李春香担任第二主编，本溪市化学工业学校姜淑敏担任主审。其中绪论、项目一、项目二、项目六中的知识一、知识二，二维码中“口岸检测样品的采集和运送”“样品接收、制备、留存”“药品的留样与稳定性观察”及对应项目的PPT课件由黄虹编写，项目三、项目六中的知识三，二维码中“船舶机舱舱底水、生活污水采集”及对应项目的PPT课件由上海信息技术学校陈佳编写，项目四及对应的PPT课件由焦作技师学院欧睿编写，项目五、二维码中“熔融法分解硅酸盐试样”及对应项目的PPT课件由李春香编写。全书文字、二维码内容由黄虹统稿。

本书第一版在编写过程中得到了上海化工研究院张永清教授级高级工程师、上海信息技术学校周健校长、盛晓东主任的关心和支持。此次修订得到化学工业出版社、扬州工业职业技术学院、中山职业技术学院的帮助，在此一并表示衷心的感谢。

由于编者水平有限，时间仓促，书中不当之处在所难免，恳请专家和读者批评指正。

编者

2022年10月

# 第一版前言 QIANYAN

本书是与“中等职业学校工业分析与检验专业教学标准”中“试样的采集与制备”课程配套的教材，在“试样的采集与制备”工作任务与职业能力分析的基础上编写的，以工作任务为引领，通过工作任务整合相关知识、技能，强调理论和实践一体化。

科学的样品采集与制备技术在分析检测中占据着举足轻重的地位。同时，在农业、食品、饲料行业、医学检验、环境监测等相关行业进行分析检验工作时，采集与制备样品也是必须具备的基本技能。各种高精密、高自动化的先进仪器的不断出现，使得样品分析工作能够快速而准确地进行，然而由于样品的采集和制备等工作的复杂性和多样性，造成样品处理耗时费力、引入污染多、劳动强度大等问题，成为分析检验工作的瓶颈，“试样的采集与制备”课程就是针对这一点而设立的，成为工业分析与检验专业的一门核心课程。

目前现有专门的试样采集和制备教材很少，通常只是一章节的内容，因此，本书在编写过程中拓展了大量的内容，收集了方方面面的素材，如：采集样品的管理流程，采集与制备复混肥料均匀固体样品，采集与制备土壤非均匀固体样品，果蔬样品的采集、制备与保存，口岸检测样品的采集和运送交接，$PM_{2.5}$测定样品的采集与保存，供微生物检测样品的采集与保存。

在内容的选择上，充分考虑中职学生的特点，不追求系统性，而是让学生在做中学、学中做，每个项目中包含若干个任务，项目后增加典型案例，典型案例的构架以任务目标、任务描述、任务实施、任务检查、任务评价的形式循序展开；有的项目后还增加了知识链接、拓展案例，充分调动同学们的学习兴趣和提高他们对知识的理解，同时拓宽了试样采集和制备的相关知识。

本教材在形式上力求做到体例新颖、图文并茂、通俗易懂，使学生愿意看、愿意学，培养学生分析问题、解决问题的能力。全书以项目引领、任务驱动，力求以能力为本位，重点突出基础性、应用性、发展性，举一反三，拓展与提升学生就业的方向和能力。在内容上突出了通用性与标准化，即书中所涉及的各种技术均以最新的国家（国际）标准为准，没有国家（国际）标准的以目前最常用、社会公认的行业标准或实验室惯用标准为准，既保证了教学内容的先进性、科学性，又与行业、企业接轨，拓宽了学生的就业面。

全书由绪论和6个项目组成，由上海信息技术学校黄虹担任第一主编，新疆轻工职业技术学院李春香担任第二主编，其中绪论、项目一、项目二、项目六中的任务一、任务二由上海信息技术学校黄虹编写，项目三、项目六中的任务三、任务四由上海信息技术学校陈佳编写，项目四由焦作市技师学院欧睿编写，项目五由新疆轻工职业技术学院李春香编写。全书由黄虹统稿，本溪市化学工业学校姜淑敏担任本书的主审。

本书在编写过程中得到了上海化工研究院张永清，上海信息技术学校周健、盛晓东，化学工业出版社的关心和支持，在此向他们和所有关心和支持本书的朋友致以衷心的感谢。

由于编者水平有限、时间仓促，书中不妥之处在所难免，恳请专家和读者批评指正。

编者

2015年11月

# 目录 MULU

# 绪论

## 看一看

土壤的采集

农作物的采集

咽拭子的采集

水样的采集

水产品的采样

口岸食品采样

想一想

1. 这些图片中他们在做什么？我们想到了什么？

2. 说说你在日常生活中见到的样品采集的事例。

## 一、试样的采集与制备的任务和作用

工业分析是分析化学在工业生产中的具体应用，主要任务是利用各种分析方法对人类的衣、食、住、行以及资源和能源的开发与利用、环境保护、医药卫生、工农业生产、国防建设等方面涉及的物质成分（定性分析）及成分含量（定量分析）进行检测与分析，用于指导和促进工业生产，被誉为工业生产的“眼睛”、科学研究的“参谋”，起到“把关”的作用。

工业分析的对象不同、种类繁多、成分复杂、来源不一，分析的项目和要求也不尽相同，但不论哪种对象和要求，都要按照一个共同的程序进行分析检测，工业分析的一般程序如下：

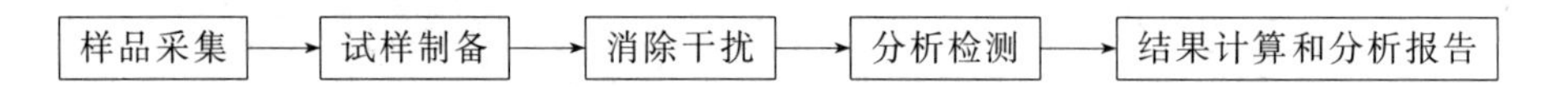


由此可见，工业分析的首项工作就是如何从大批物料中（即总体中）采取并制备符合分析工作要求的样品作为分析试样。采取的样品是否合适，制备是否得当，能不能代表整体样品的情况都是至关重要的。如果采样、制备不当，则后续操作再正确，分析工作再认真，都是徒劳的。

科学的样品采集与制备技术在分析检测中占据着举足轻重的地位。各种高精密高自动化的先进仪器的不断出现，使得样品分析工作能够快速而准确地进行，然而由于样品的采集和制备等工作的复杂性和多样性，造成样品处理耗时费力、引入污染多、劳动强度大等，成为分析检验工作的瓶颈，“试样的采集与制备”课程就是针对这一点而设立的，并被单独列为分析检验技术专业的一门核心课程。

本课程系统全面地介绍了工农业生产以及生活中常见的样品采集与制备的理论知识和基本操作技能，通过本课程的学习，学生应当掌握各种样品的特性、采集技术、制备技术，认识相关仪器设备与使用方法；能够运用合理的处理技术将原始样品中欲测组分与样品基体和干扰组分分离、富集并转化成可以分析的形态，了解在样品测定过程中的质量控制、检测结果的数据处理等相关理论和技术。

## 二、试样的采集与制备研究的主要内容

试样的采集与制备研究的主要内容有采样的术语、采样的目的、采样的原则、采样的基本程序；各种物料——固体、液体及气体采样工具的用途及正确的使用方法；各种物料样品的采集方法及处理方法；常用的试样分解方法。具体内容见下图。

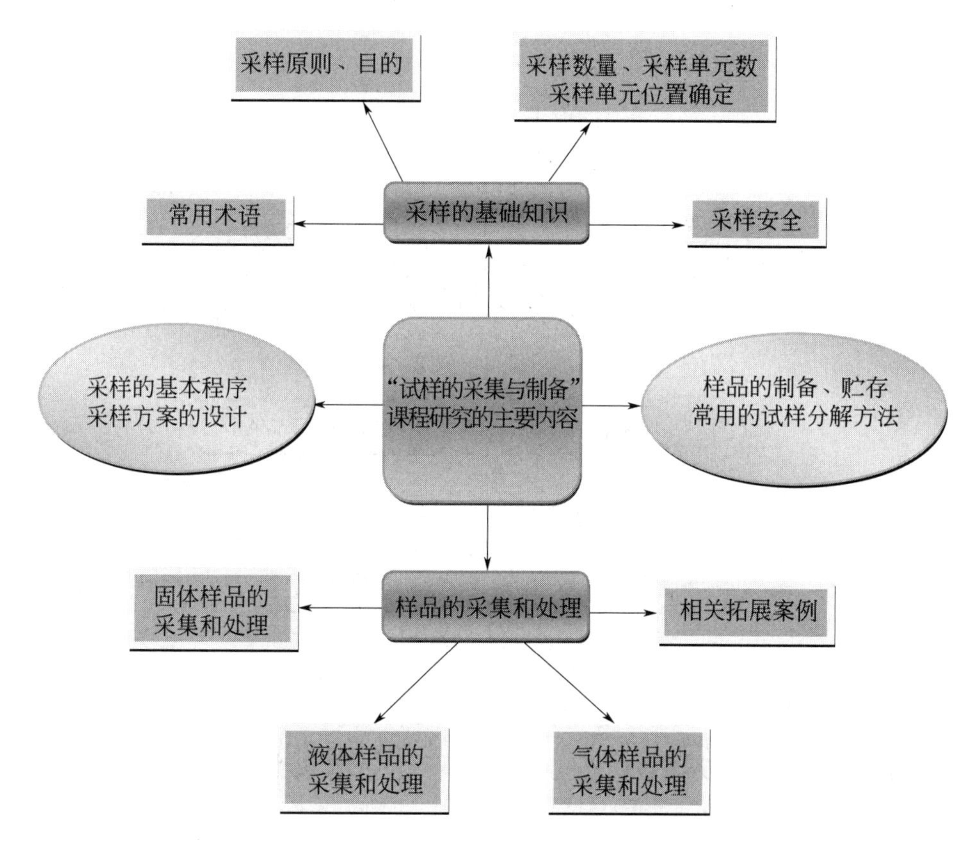


### 讨论与交流

1. 正确地采集与制备样品对分析工作有什么意义？

2. 请在农业、食品工业、饲料行业、医学检验、环境监测、工业产品、化工原料等行业举出一个样品采集的案例，大家分享一下，试着说说保证正确地采集与制备样品的关键点有哪些？

本项目课件

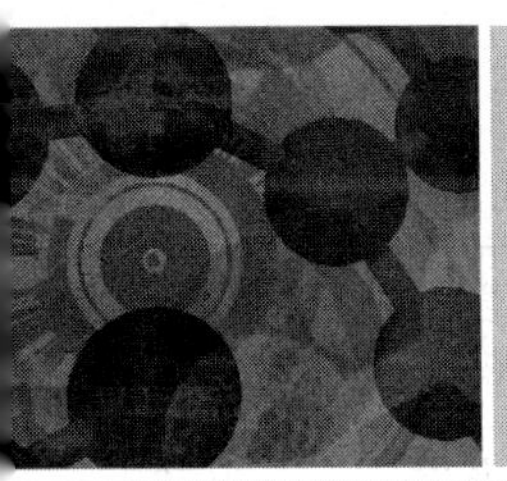

# 项目一 采样的基本知识

## 学习引导

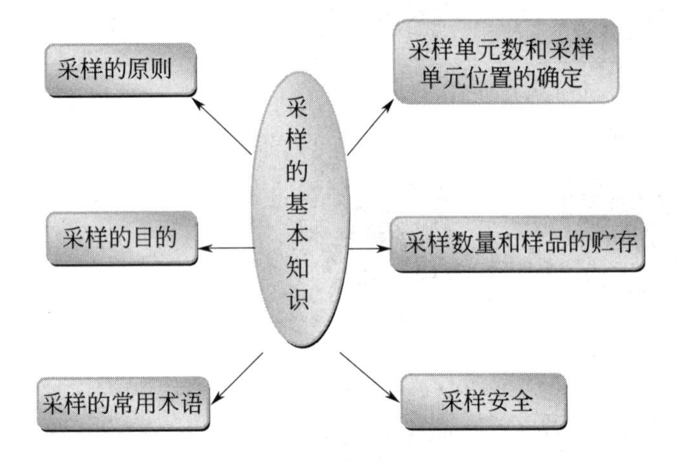


## 知识一　采样的原则

### 知识目标

- 理解采样对分析检测结果的重要性；
- 掌握采样的基本原则。

### 能力目标

- 会根据不同的物料确定采样的方法。

### 素质目标

- 具备客观、公正的采样态度。

工业物料的数量，往往以千吨、万吨计，其组成有的比较均匀，有的很不均匀。而对物料进行分析时所需的试样量是很少的，也不过数克，甚至更少，对这些少量试样的分析结果必须能代表全部物料的平均组成。因此，正确采集和制备具有充分代表性的样品是采样的基本原则，也是分析检测结果是否准确的先决条件。采样必须遵守以下原则。

① 采样过程应保持原有的理化指标，防止成分逸散和带进任何杂质引起物料的变化（如吸水、氧化等）。

② 采集的样品必须具有代表性，使采集的样品能够反映全部被检产品的组成、质量等整体水平。对于均匀的物料，可以在物料的任意部位进行采样；非均匀的物料应随机采样，对所得的样品合理混合，或分别进行测定再汇总所有样品的分析检测结果。

③ 对某些样品的采集还要考虑时效性，如食品。

④ 样品的处理过程尽量简单易行，处理装置的尺寸要适当。

⑤ 采样的方法必须与分析目的保持一致。

⑥ 要认真填写采样记录。

**讨论与交流**

1. 分析检验中样品采集的原则有哪些？

2. 均匀物料和非均匀物料在采集样品时有何要求？

3. 采样的原则是使得采集到的样品（　　）。

A. 足够分析用的数量　　B. 不能受损失

C. 具有充分的代表性　　D. 不能受污染

## 知识二　采样的常用术语

**知识目标**

- 理解采样分析中常用术语的含义。

**能力目标**

- 会说明采样、样品、制样中各种专业术语的含义和它们之间的区别；
- 能理解工单中采样的名词术语，了解要对样品进行怎样的采样、制样操作。

**素质目标**

- 具备严谨的科学态度。

## 一、采样

从大量的分析对象中抽取有一定代表性的一部分样品作为分析材料，这项工作叫采样。

采样前需要弄清以下问题：

① 样品中的主要成分是什么？

② 分析此样品要做哪些分析测定项目？

③ 样品中可能会存在的物质组成是什么？

从数量较大的采样单元中取得的一个或几个采样单元，或从一个采样单元中取得的一个或几个份样叫样品。

样品一般分成三类：

① 原始样品；

② 平均样品；

③ 试验样品。

**想一想**

这些都是什么样品？

采样常用术语见表1-1。

**表1-1　采样常用术语**

| 序号 | 术语名称 | 术语含义 |
| --- | --- | --- |
| 1 | 总体 | 研究对象的全体 |
| 2 | 采样 | 从总体中取出具有代表性样品的操作 |
| 3 | 采样单元 | 具有界限的一定数量的物料。其界限可能是有形的，如一个容器，也可能是设想的，如物料流的某一具体时间或间隔时间 |
| 4 | 份样 | 用采样器从一个采样单元中一次取得的一定量的物料 |
| 5 | 样品 | 从数量较大的采样单元中取得的一个或几个采样单元，或从一个采样单元中取得的一个或几个份样 |
| 6 | 原始平均试样 | 合并所有采取的份样(子样)称为原始平均试样 |
| 7 | 实验室样品 | 为送往实验室供检验或测试而制备的样品 |
| 8 | 保存样品(备考样品) | 与实验室样品同时同样制备的、日后有可能用作实验室样品的样品 |
| 9 | 代表样品 | 一种与被采物料有相同组成的样品，而此物料被认为是完全均匀的 |
| 10 | 试样 | 由实验室样品制备的从中抽取试料的样品 |
| 11 | 试料 | 用以进行检验或观测的所取得的一定量的试样 |
| 12 | 子样 | 在规定的采样点采取的规定量的物料，用于提供关于总体的信息 |
| 13 | 子样的数目 | 在一个采集对象中应该布置的取样品点的个数 |
| 14 | 总样 | 合并所有的子样称为总样 |
| 15 | 部位样品 | 在物料的特定部位或间隔取得的样品 |
| 16 | 表面样品 | 在物料表面取得的样品 |

其他有关采样的名词术语，请查阅国家标准GB/T 4650—2012《工业用化学产品　采样　词汇》。

采样与抽样

## 二、制样（样品的制备）

制样是把采集的初级样本按一定的方法与要求（如四分法或等格分取法将初级样本缩减，将湿样本制备成风干样，并粉碎、过筛等）进行处理，制成分析样品的过程。

**讨论与交流**

1. 实验室样品、保存样品、代表样品三者的区别与联系是什么？
2. 什么是子样、总样和采样单元？指出相互之间的区别。
3. 什么是样品、试样和试料？指出相互之间的区别。

# 知识三 采样目的

**知识目标**

• 掌握样品采集的基本目的和要求。

**能力目标**

• 能说出采样在技术方面、安全方面、商业方面、法律方面的具体目的和要求。

**素质目标**

• 具备客观、公正、严谨的科学态度。

## 一、采样的基本目的

采样的基本目的是从被检的总体物料中取得具有代表性的样品，使得通过对样品的检测，得到在允许误差内的数据，从而求得被检物料的某一或某些特征的平均值。

## 二、采样的具体目的

采样的目的不同、要求各异，采样前必须明确样品采集的具体目的和要求，通常采样的具体目的可分为以下几个方面。

**1. 技术方面**

确定原材料、半成品及成品的质量；控制生产工艺过程；鉴定未知物；确定污染物的性质、程度和来源；验证物料的特性；测定物料随时间、环境的变化及鉴定物料的来源等。

**2. 安全方面**

确定物料是否安全或确定其危险程度；分析发生事故的原因；按危险程度对物料进行分类等。

**3. 商业方面**

确定销售价格；验证是否符合合同规定；保证产品销售质量；满足用户要求等。

**4. 法律方面**

检查物料是否符合法律要求；检查生产过程中泄漏的有害物质是否超过允许极限；法庭调查；确定法律责任；进行仲裁等。

**讨论与交流**

1. 分析下面各个样品采集实例中，他们采集样品的具体目的是什么？

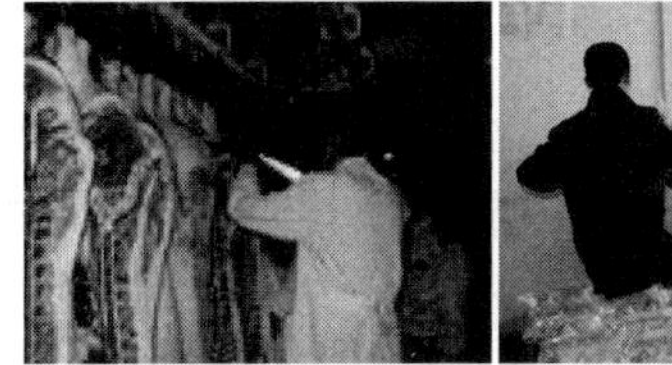

2. 采样应由专职的__________或由__________兼采，不能由生产工人代行采样。

## 知识四　采样单元数和采样单元位置的确定

**知识目标**

- 掌握采样单元数和采样单元位置的确定方法。

## 能力目标

- 能制定采样方案；
- 能确定采样单元数；
- 会运用随机数骰子进行随机确定抽样单元的位置；
- 会运用随机数表进行随机确定抽样单元的位置；
- 会运用电子随机数抽样器进行随机确定抽样单元的位置。

## 素质目标

- 具备严格按照操作规程执行的规则意识和严谨的工作作风。

# 一、抽样方式

由于大多数的分析技术是属于破坏性的，因此，逐个检测是无意义的，另外，不管是工业产品、农业产品，还是天然物质，被测物质往往是大量的，因而对被测物质进行整体检测也是不可能的。从理论上讲，抽验的样品越多，分析结果越接近被测物的“真值”，然而这是不经济的。长期以来，统计学家与分析化学家密切合作研究抽样方式和抽样量的问题，以求达到使用少数的样品反映物质真实情况的目的。

抽样方式一般可分为随机抽样、系统抽样、指定代表性样品三种方式。选用何种抽样方式取决于对被测对象的了解程度。

当对被测对象了解甚少时，应采取随机抽样方式，而且抽样单元数要尽可能多些；已基本了解被测对象随空间与时间的变化规律时，可采用系统抽样方式，这时抽样单元数明显比随机抽样要少；当已经知道被测物质的均匀性良好时，可抽取少数的指定代表性样品。

# 二、采样单元数的确定

在满足需要的前提下，样品数和样品量越少越好。

① 对于总体物料的单元数小于 500 的，可按表 1-2 来确定采样单元数。

② 对于总体物料的单元数大于 500 的，采样单元数可按总体单元数立方根的三倍数来确定，见式(1-1)。

$$n=3\times\sqrt[3]{N} \tag{1-1}$$

式中　$n$——采样单元数；

$N$——物料总体单元数。

**表 1-2　采样单元数的选取**

| 总体物料的单元数 | 选取的最少单元数 | 总体物料的单元数 | 选取的最少单元数 |
|---|---|---|---|
| 1～10 | 全部单元 | 182～216 | 18 |
| 11～49 | 11 | 217～254 | 19 |
| 50～64 | 12 | 255～296 | 20 |
| 65～81 | 13 | 297～343 | 21 |
| 82～101 | 14 | 344～394 | 22 |
| 102～125 | 15 | 395～450 | 23 |
| 126～151 | 16 | 451～512 | 24 |
| 152～181 | 17 | | |

③ 对于特殊物料，有特殊采样单元数的要求时，在采样前应查询专有国家标准。

**【例 1-1】** 有一批工业物料，其总体单元数为 538 桶，则采样单元数应为多少桶？

解：
$$n=3\times\sqrt[3]{N}=3\times\sqrt[3]{538}=24.4(\text{桶})$$

将 24.4 进为 25，即应选取 25 桶（注：计算结果中如有小数，都进为整数）。

## 三、采样单元位置的确定

在国家或行业的产品标准中，对采样单元位置的确定，往往只用一句话来表达："随机抽（采）取××包（桶）样品，总采样量为××g"。怎样体现随机这两字呢？在实际的采样过程中，往往把"随机"两字理解为"随便"，这是非常错误的，随机不等于随便，随机是指在这个采样批量中每个单元被抽到的概率都是相等的。因此，我国规定了随机的方法：一是利用随机数骰子进行随机确定抽样单元的位置；二是利用随机数表进行随机确定抽样单元的位置；三是利用电子随机数抽样器进行随机确定抽样单元的位置。

必须注意：在随机抽样前，应先把组批的抽样单元从 1 开始顺序编号，然后用获得的随机数对号抽取，如抽样单元或单位产品不便于编号时，例如批量很大的小元件，也可以先获得随机数，然后逐个点数，按随机数抽取。

### 1. 利用随机数骰子进行随机确定抽样单元的位置

随机数骰子是由均匀材料制成的正二十面体，各面上刻有 0～9 的数字各 2 个。图 1-1 为其底视图与俯视图。每盒骰子由盒体、盒盖、泡沫塑料垫及 6 种不同颜色的骰子组成，如图 1-2 所示。

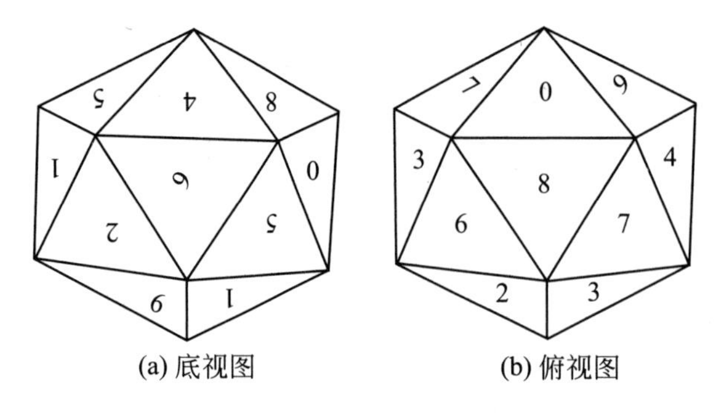

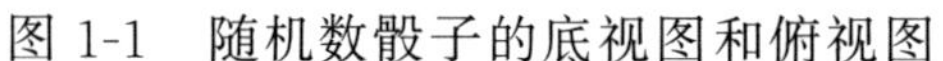


图 1-1　随机数骰子的底视图和俯视图

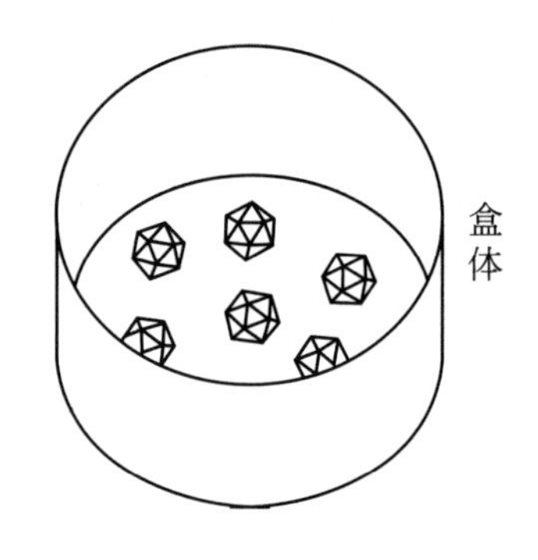


图 1-2　6 种不同颜色的骰子

使用方法如下。

① 只用 1 个骰子。当总批量为 $n$（300）包，需取 $X$ 包数为采样单元数，则重复摇 3 次，第 1 次为个位数，第 2 次为十位数，第 3 次为百位数。若得到的数大于 $n$ 数则不取，重复数不取。如总批量为 300 包，第 1 次得 1，第 2 次得 4，第 3 次得 1，则为第 141 号包位为采样单元；若第 3 次得 5，则为第 541 号包位，已超过 300 包，故应舍去不取。当取的某个 $R_i$ 数位置的包数为破包时，则该 $R_i$ 数位置的包也应舍去不取，一直到取的 $R_i$ 个总数等于 $X$ 包数时为止。

② 使用多个骰子。根据批量 $n$，取骰子个数见表 1-3。

**表 1-3　根据包装单元数取骰子个数**

| 批量 $n$ | 取骰子个数 | 批量 $n$ | 取骰子个数 |
|---|---|---|---|
| $1 \leqslant n \leqslant 10$ | 1 | $1001 \leqslant n \leqslant 10000$ | 4 |
| $11 \leqslant n \leqslant 100$ | 2 | $10001 \leqslant n \leqslant 100000$ | 5 |
| $101 \leqslant n \leqslant 1000$ | 3 | $100001 \leqslant n \leqslant 1000000$ | 6 |

如上例一样，假设采样批量为 300 包，需取 $X$ 包为采样单元数，则根据表 1-3 中所示取 3 颗骰子，例如选用红、黄、蓝 3 种颜色，且规定红色骰子出现的数字为百位数，黄色骰子出现的数字为十位数，蓝色骰子出现的数字为个位数，将 3 个骰子放入盒中，盖好盖子，水平摇动盒子，使骰子充分旋转，然后打开盒子，读出每个骰子表示的随机数，当红色骰子显示的数值大于 3 时，后面两个不用读数，如果按红色、黄色、蓝色的顺序三个骰子读出的数字 $R_i$ 在大于等于 1 和小于等于 300，则三种颜色的骰子所显示的随机数 $R_i$ 为有效。如红色骰子为 0、黄色骰子为 2、蓝色骰子为 8，则第 28 号位置的包被随机选为采样单元包。但必须去掉三种颜色的骰子所显示的重复出现的 $R_i$ 随机数，当取的某个 $R_i$ 数

位置的单元包为破包时，则该 $R_i$ 数位置的包也应舍去不取，一直到取的 $R_i$ 个总数等于 $X$ 包数时为止。

**2. 利用随机数表进行随机确定抽样单元的位置**

随机数表是由 00～99 的两位数字随机排列而成的，每页 50 行 25 列，共 1250 个两位数字。在 GB/T 10111—2008 中给出 5 页，本书中只摘录了部分（见附录）。使用此表可随机选用页、行、列，但须注意避免反复使用同一部位。在随机抽样前，应将构成总体的样品编号，然后从随机数表中的任意一行（或一列）开始沿着一定的方向读取数码，如果达到行（或列）的一端，还未抽够预计的采样单元数目时，应从下一行（或下一列）继续沿相同的方向读取数码，直到抽够采样单元数目为止。因为随机数表中的每个数码出现的概率相等，所以构成总体的每个样品被抽取的概率也是相等的。例如从 300 包组成采样批量需抽取 10 个抽样单元包时，先将构成总体的单元包编号，然后从随机数表（见附录）的第 1 页、第 3 行、第 4 列开始，沿着向下的方向读数，可得如下的随机数：276、199、121、227、047、137、296（已破包不取）、162、180、211、059。在读数过程中必须要抛弃重复和无意义（物体已受到破坏，不具有代表性的单元）的数字。

**3. 利用电子随机数抽样器进行随机确定抽样单元的位置**

电子随机数抽样器如图 1-3 所示。

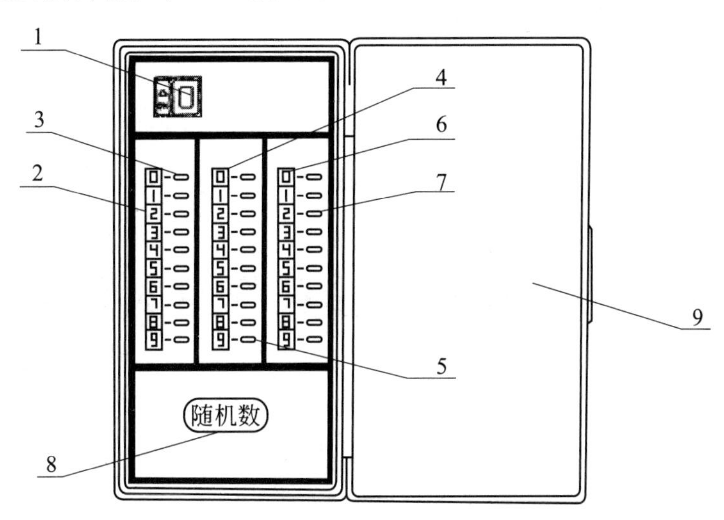


图 1-3　电子随机数抽样器

1—电源开关；2—百位数显示屏；3—百位数预置开关；4—十位数显示屏；5—十位数预置开关；6—个位数显示屏；7—个位数预置开关；8—随机数抽取按键；9—随机数抽样器盒盖

具体使用方法：根据批量 $n$ 范围的预置方法，见表 1-4。

**表 1-4　根据批量 $n$ 范围的预置方法**

| $n$ 的范围 | $n$ 的预置方法 |
| --- | --- |
| $1 \leqslant n \leqslant 9$ | 百位数、十位数开关置零，个位数预置开关置 $n$ |
| $11 \leqslant n \leqslant 99$ | 百位数开关置零，十位数预置开关置 $n$ 的十位数字 |
| $101 \leqslant n \leqslant 999$ | 百位数预置开关置 $n$ 的百位数字 |
| $n \geqslant 1001$ | 按 $n$ 的位数分段预置，各段预置方法同上 |

预设置好后，按下电子随机数抽样器的电源开关，接通电源，这时每按一次电子随机数抽样器的抽取按键，显示屏就可显示一个抽取的随机数 $R_i$，若大于0、小于等于 $n$，则取该数值的单元为取样单元，若 $R_i$ 等于 0 或大于 $n$ 或重复出现已取过的 $R_i$ 数值，则弃去，直至取足抽样单元数为止。

**讨论与交流**

1. 样品采集之前应该做哪些工作？

2. 所谓随机采样，是不需要遵循什么规律的，随便取样品就可以了。这种说法正确么？

3. 总体物料的单元数为 151 件时，采样单元数最少为（　　）件。

A. 16　　B. 15　　C. 14　　D. 13

4. 某厂的尿素产品批量为 100t，单包装净质量为 25kg，问采样单元数为多少包？

5. 样品采集量应满足哪些条件？

# 知识五　采样数量和样品的贮存

**知识目标**

- 掌握不同样品采样数量的确定与计算方法；
- 理解物料的颗粒直径对取样量的影响。

## 能力目标

- 会计算不同物料样品的采样数量；
- 能正确填写采样标签、采样登记表、采样原始记录；
- 会正确选择适合样品的包装材料和贮存形式；
- 会按规定要求对样品保存和留样。

## 素质目标

- 培养语言表达、协同合作、沟通交流的能力；
- 建立数据溯源的意识，养成采样原始记录完整规范的习惯。

在了解被采物料的所有信息及采样的具体目的和要求之后，分析工作者必须制订好采样方案；采样后应及时做好采样记录；根据各产品的有关规定确定保留样品的方法；确定处理废弃样品的方法。只有真正做好以上工作，才能完成采样任务。

样品接收、制备、留存

采样方案的制订是采样工作中的一个重要环节。采样方案的内容应包括确定总体物料的范围；确定采样单元和二次采样单元；确定样品数、样品量和采样部位；规定采样操作方法和采样工具；规定采样的安全措施等。

## 一、采样量的确定

一般情况下，采样量应至少满足以下需求：满足三次重复检测的需要；满足留样的需要；满足制样处理时加工处理的需要。

### 1. 对于均匀样品

可按既定采样方案或标准规定方法从每个采样单元中取出一定量的样品混匀后成为样品总量。经缩分后得到分析用的试样。

### 2. 对于一些颗粒大小不均匀、成分混杂不齐、组成极不均匀的物料

如矿石、煤炭、土壤等，选取具有代表性的均匀试样的操作较为复杂。根据经验，这类物料的样品选取量与物料的均匀度、粒度、易破碎程度有关，采样量可用式(1-2)来计算。

$$Q=Kd^2 \tag{1-2}$$

式中　$Q$——采取平均试样的最小量，kg；

$d$——物料中最大颗粒的直径，mm；

$K$——经验常数，一般在0.02～0.15之间。

**【例1-2】** 现有一批矿物样品，已知$K=0.1$，若此矿石最大颗粒的直径为80mm，则采样的最小质量为多少？

解：已知$K=0.1$，$d=80$mm，由$Q=Kd^2$得

$$Q=0.1\times 80^2=640(\text{kg})$$

这样大的取样量，不适宜于直接分析，如果上述物料中的最大颗粒直径为10mm，则可减少为

$$Q=0.1\times 10^2=10(\text{kg})$$

如物料中的最大颗粒直径为1mm，则取样量可减少至

$$Q=0.1\times 1^2=0.1(\text{kg})$$

从0.1kg再制成试样就容易得多了（可见物料的颗粒直径对采样量有很大的影响，在实际工作中经常将物粒中的大颗粒粉碎后再进行采样）。

**3. 经制备后的样品的量应满足检测及留样的需要**

采得的样品经处理后一般平分为两份，一份供检测用，另一份作留样。留样就是留取、贮存、备考样品。留样的作用是考察分析人员检验数据的可靠性时作对照样品，发生质量争议或分析结果争议时做复检用等。每份样品的量至少应为需要全项目检验一次总量的3倍。

## 二、采样记录

为方便分析工作，并为分析结果提供充分、准确的信息，采得样品后，要详细做好采样记录。采样记录包括以下内容：①样品名称及样品编号；②分析项目名称；③总体物料批号及数量；④生产单位；⑤采样点及其编号；⑥采样量；⑦气象条件；⑧采样日期；⑨保留日期；⑩采样人姓名。

## 三、样品贮存容器的选择

处理后的样品盛入容器后，应及时贴上标签，标签内容包括：产品名称、生产单位、生产日期、批量、采样量、采样日期、采样人。

盛样品的容器应符合下列要求：具有符合要求的盖、塞或阀门，且密封；使用前必须洗净、干燥；材质必须不与样品物质起化学作用且不能有渗透性；对光敏性物料，盛样容器应是不透光的。

## 四、样品保存的要求

一些工业物料的化学组成在运输和贮存期间易受周围环境条件的影响而发生变化。因此，采得样品后一般应迅速处理。有的被测项目应在采样现场检测，如不能及时检测，应采取措施保存样品，并在送到化验室后按有关规定处理。

采集的样品或留样应存放于样品留样室（图 1-4），样品留样室应符合通风好、安全、避光以及产品标准规定的特殊要求；不同性质的样品应分开存放。对属于化学危险品尤其是有毒的样品应实行“五双”制度。

样品的留样量、保存环境、保存时间以及撤销办法等一般在产品采样方法标准或采样操作规程中都做了具体的规定。留样时间一般不超过 6 个月或视产品的销售周期而定，根据实际需要和物料的特性，可以适当延长和缩短。留样必须在达到或超过贮存期后才能撤销，不可提前撤销。留样的撤销应造册登记，经审批后才能撤销。撤销的留样可回生产车间再利用，或经处理、符合排放要求后再排放，切勿随意排放。

对剧毒、危险样品的保存和撤销，如爆炸性物质、不稳定物质、氧化性物质、易燃物质、毒物、腐蚀性和刺激性物质、由于物理状态（特别是温度和压力）而引起危险的物质、放射性物质等，除遵守一般规定外，还必须严格遵守环保及毒物或危险物的有关规定，切不可随意随处撤销。

图 1-4　样品留样室

样品的留样及稳定性观察

### 讨论与交流

1. 采样的步骤有哪些？

2. 留样有什么作用？

3. 采样记录应包括哪些内容？

4. 采集危险品物料的样品时，应遵守的一般规定主要有哪些？

5. 采样量应满足哪些条件？

6. 留样保存时间一般为（　　）个月。

A. 8　　B. 6　　C. 4　　D. 2

7. 已知矿石的最大直径为 20mm，当采样量为 0.1kg 时，问矿石应粉碎至最大直径为多少毫米？($K=0.1$)

8. 对于一些颗粒大小、组成成分极不均匀的物料（如矿石等），其采取样品量按式 $Q=Kd^2$ 计算，其中 $d$ 为（　　）直径。

A. 颗粒平均　　B. 颗粒　　C. 最大颗粒　　D. 最小颗粒

# 知识六　采样安全

### 知识目标

- 掌握样品采集与制备操作时的安全规定；
- 理解采样前识读被采样品的 MSDS（化学品安全技术说明书）的重要性。

### 能力目标

- 学会高温高压物料采样的安全；
- 学会有毒有害物料采样的安全；
- 能正确选择穿戴采集不同样品、不同工作环境的采样时个人安全防护装备。

### 素质目标

- 具备采样时个人安全防护穿戴整齐的安全防护意识。

采样时应做哪些个人防护？

化肥生产现场，佩戴个人防毒面罩安全取样

气体取样安全作业

受限空间采样，使用新的安全气采样器

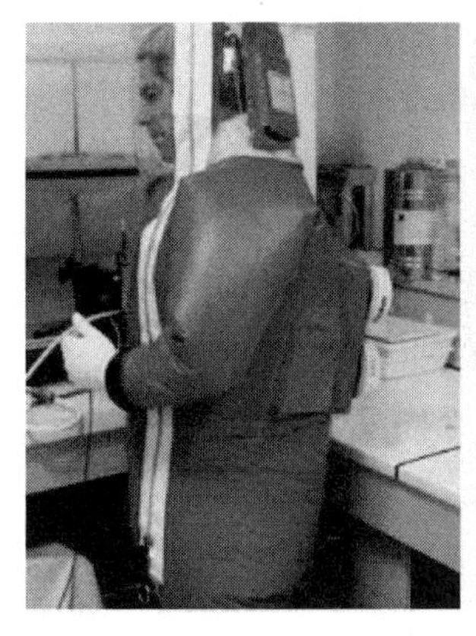

生物安全四级正压服——实验室与野外采样两用型

在有些情况下，采样有一定危险性。无论所采样品的性质如何，都要遵守如下采样操作的规定：采样地点要有出入安全的通道，符合要求的照明、通风条件；采样者要完全了解样品的危险性及预防措施，并受过使用安全设施的训练，包括灭火器、防护眼镜和防护服等；采取高温、高压、易燃或有毒、有害的物料时，现场必须有监护人。

## 一、高温高压物料采样的安全

高温物料采样主要注意防止灼伤人体，尤其要防止溅伤眼睛。对于很热的物质，必须遮挡对面部和颈部的热辐射，尤其是避免对眼睛的热辐射。应戴上不易吸收被处理物质的手套以防止物料溅到手上，要系好围裙，靴子必须结实，并有适当的保护措施，防止溅出的物质进入靴内。

高压流体的采样可在大气压下或在系统压力下完成。采样设备应包括适当的装置，使高压系统出口有安全的流速，而且出口的孔径应保证流体流出的速度不致造成伤害。

当在系统压力下采样时，所用的样品容器应由能胜任的工作人员经常定期检查，验证容器的使用压力是否与容器上标记的压力相符合，并在压力容器检定的有效周期内，容器必须专用。容器与采样点的接头应适合于该系统，采样者应使用合适的工具把容器连接在采样点上，在采样之前应检查连接的可靠性。样品容器装入液体时，必须留有适当的空间，在任何情况下，该空间必须不小于在可能遇到的最高温度时的气体总体积的5%。

## 二、有毒有害物料采样的安全

对毒物进行采样，采样者一旦感到不适，应立即向主管人报告。样品应防止受热或振荡。样品容器必须装在专门设计的运载工具中方可运输，该运载工具能保证在样品容器发生破裂和泄漏时不致造成样品外漏。任何泄漏都应报告，以便及时采取措施处理。

有毒有害物料采样

禁止在毒物附近吸烟或饮食。禁止使用无防护的灯及可能发生火花的设备，严禁烤火（明火）。必须戴上防护眼镜和穿戴防护服。必须知道报警系统和灭火设备的位置。当存在引起呼吸中毒的毒物时，要提供劳动保护，可使用通入新鲜空气的面罩或用装有适当吸附剂的防毒面具。

应有合适的冲洗设施供采样者在安置好样品容器之后和离开现场以前使用。采样场所应提供适当的设施供采样后清洗全部采样设备之用，并应备有紧急救护时的设施和物品。

## 讨论与交流

请先查找并阅读甲醇的MSDS（化学品安全技术说明书），说说从贮槽中采集甲醇样品时的个人防护要求和注意事项。

## 知识链接

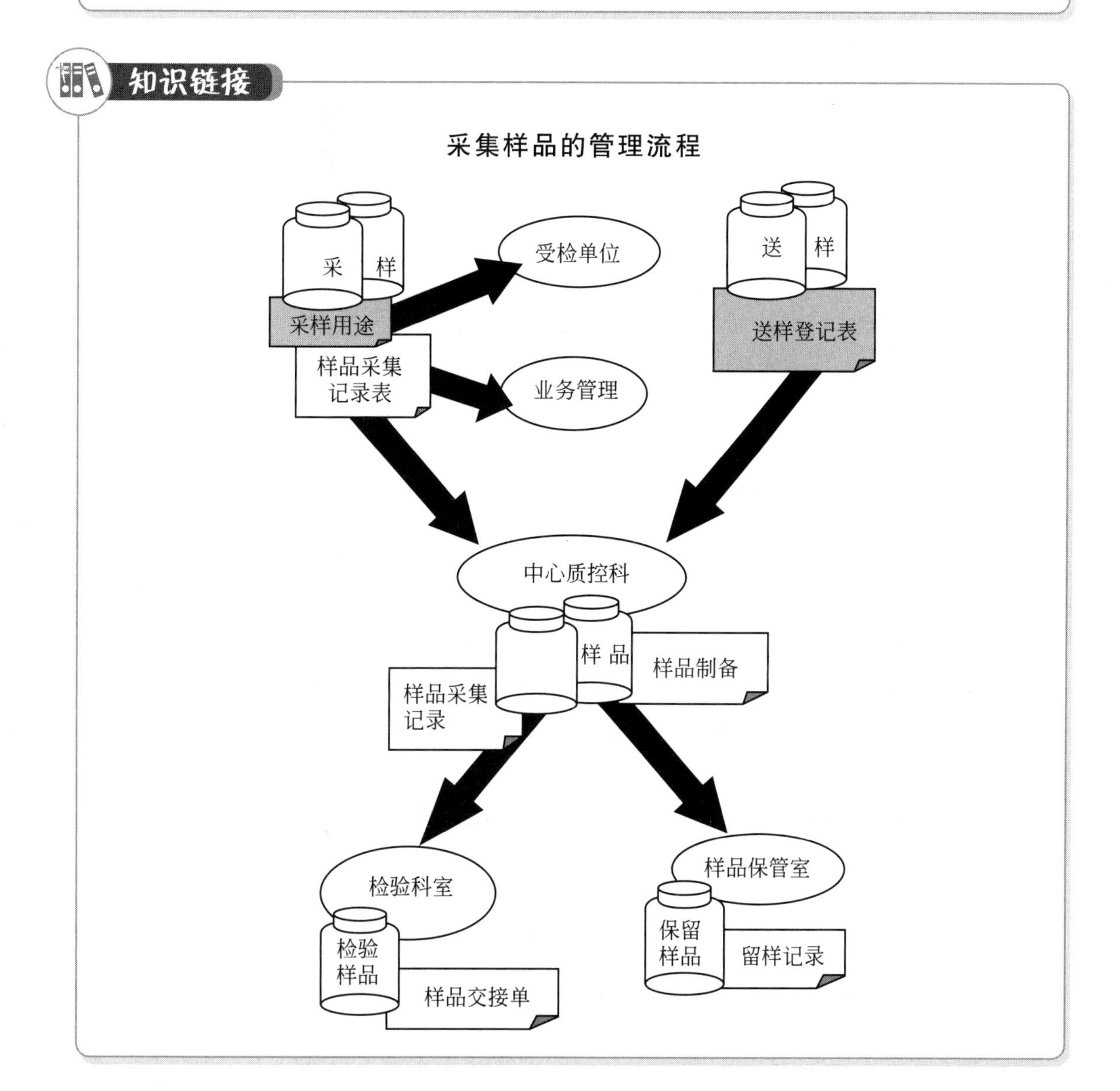

本项目课件

## 练一练、测一测

### 一、填空题

1. 采样的基本原则是________________________________。

2. 从大量的分析对象中抽取有一定代表性的一部分样品作为分析材料，这项工作叫____________。

3. __________是指具有界限的一定数量的物料。其界限可能是有形的，如一个容器，也可能是设想的，如物料流的某一具体时间或间隔时间。

4. 采样的基本目的是________________________________。

5. 抽样方式一般可分为________、________、____________三种方式。选用何种抽样方式取决于对被测对象的了解程度。

6. 有一批优质化肥，其总体单元数为427包，则采样单元数应为________包。

7. 采得的样品经处理后一般平分为____份，一份供____用，另一份作____。每份样品量至少应为需要全项目检验一次总量的____倍。

8. 留样的作用是________________________________。

### 二、选择题

1. (　　)指在规定的采样点采取的规定量的物料，用于提供关于总体的信息。

A. 总样　　B. 子样　　C. 采样单元　　D. 留样

2. 在物料的特定部位或间隔取得的样品，被称为(　　)。

A. 总样　　B. 子样　　C. 部位样品　　D. 表面样品

### 三、判断题

1. 对于一些颗粒大小不均匀、成分混杂不齐、组成极不均匀的物料，样品选取量可用公式 $Q=Kd^2$ 来计算。其中 $Q$ 的单位是kg；$d$ 的单位是m。(　　)

2. 样品的保存量、保存环境、保存时间以及撤销办法等一般在产品采样方法标准或采样操作规程中都做了具体的规定。留样时间一般不超过6个月或视产品的销售周期而定，根据实际需要和物料的特性，可以适当延长和缩短。(　　)

### 四、简答题

1. 采样的具体目的通常包括哪四个方面，简述每方面的作用和意义。

2. 在国家或行业的产品标准中，对采样单元位置的确定通常是用随机的方法进行的，简述这三种随机的具体操作方法。

3. 为分析结果提供充分、准确的信息，采得样品后，要详细做好采样记录。采样记录通常包括哪些内容?

4. 简述高温、高压物料采样的安全注意事项和措施。

5. 简述有毒有害物料采样的安全注意事项和措施。

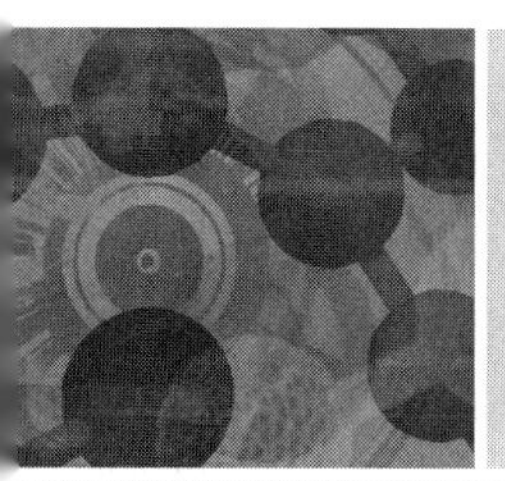

# 项目二
# 采集和处理固体样品

## 学习引导

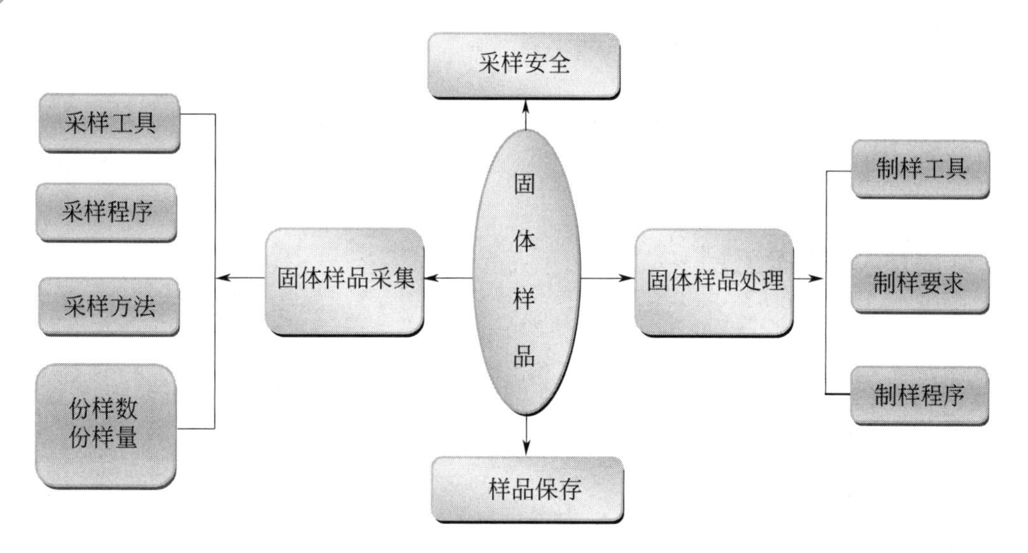


固体工业产品的化学组成和粒度较为均匀、杂质较少、采样方法比较简单，采样过程中除了要注意不应带进杂质以及避免引起物料变化（如吸水、氧化等）外，原则上可以在物料的任意部位进行采样。固体矿物、商品煤等样品的化学成分和粒度往往很不均匀，杂质较多，采样过程就较为烦琐、困难。

## 知识一　固体样品的采集工具

### 知识目标

- 熟悉一般采样常用工具；
- 认识专用固体采样工具。

## 能力目标

- 会根据不同的固体样品合理选择采样工具；
- 能正确使用固体采样工具，注意采样安全。

## 素质目标

- 具备客观、公正的采样态度；
- 培养个人安全防护的安全意识。

## 一、一般采样常用工具

包括钳子、螺丝刀、小刀、剪刀、镊子、罐头及瓶盖开启器、手电筒、蜡笔、圆珠笔、胶布、记录本、照相机等。

## 二、常用固体采样工具

### 1. 自动采样器

适用于从运输皮带、链板运输机等输送状态的固体物料流中定时定量地连续采样。用盛样桶或试样瓶来收集子样。

### 2. 金属探子

金属探子见图 2-1，适用于采集袋装的颗粒或粉末状样品。

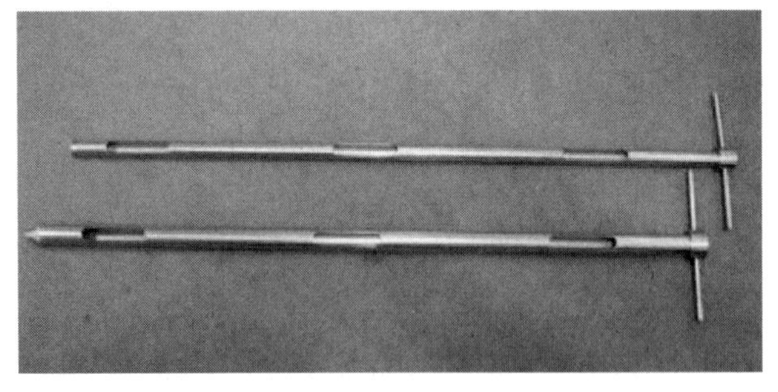

图 2-1　金属探子

袋装物料采样

### 3. 舌形铲

能在采样点一次采取规定量的子样。适用于从运输工具、物料堆或物料流中进行人工采样。可用于采取煤、焦炭、矿石等不均匀固体物料的样品。

**4. 取样钻**

如图 2-2 所示，取样钻下端为 30°的锥形，上端装有“T”形或直线形的金属（木）柄，钻体由不锈钢管或铜管制成。适用于从包装袋或桶内采取细粒状的固体物料。取样时，将取样钻由袋口一角沿对角线方向插入袋内 1/3～3/4 处，旋转 180°后抽出，刮出钻槽中的物料，作为一个子样。

图 2-2　取样钻

**5. 双套取样管**

双套取样管如图 2-3 所示，常用不锈钢管或铜管制成。上面开有三个长的槽口。内外槽口的位置能相互闭合。双套取样管下端呈圆锥形，内管和外管上端均装有“T”形手柄，适用于易变质（如吸湿、氧化、分解等）粉粒状物料的人工采样。采样时，将双套取样管斜插入袋（桶）内，旋开内管，待物料进入管中将双套取样管旋转 180°，关闭内管，抽出双套取样管，将采得的物料由内管管口处转入试样瓶中，盖紧瓶塞，即得一个子样。

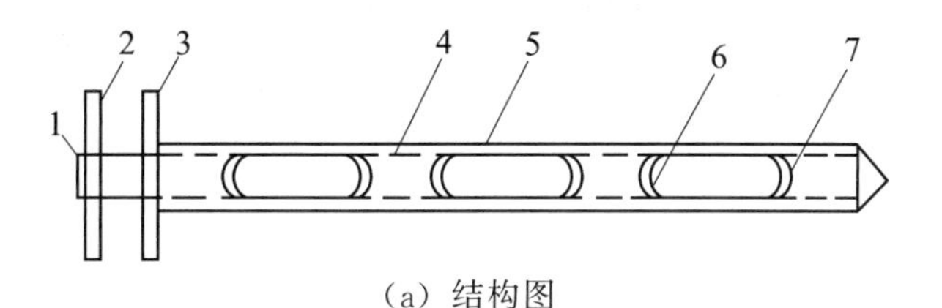


（a）结构图

1—内管管口；2—内管手柄；3—外管手柄；4—内管；5—外管；6—内管槽口；7—外管槽口

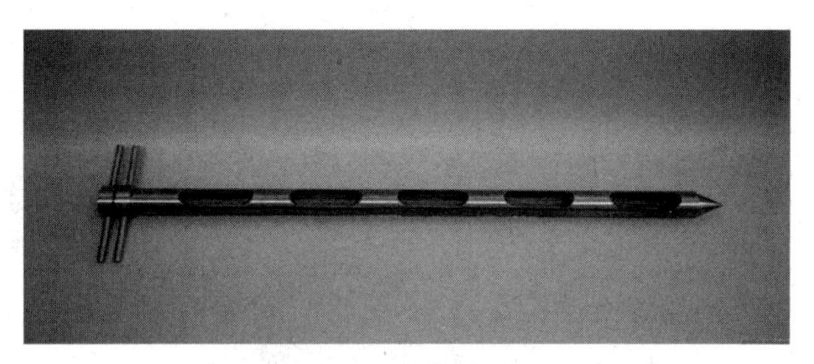

（b）实物图

图 2-3　双套取样管

**6. 长柄匙或半圆形金属管**

适用于较小包装的半固体样品的采集。

### 7. 采样探子

适用于采取细粒状固体，其外行和取样见图 2-4、图 2-5。

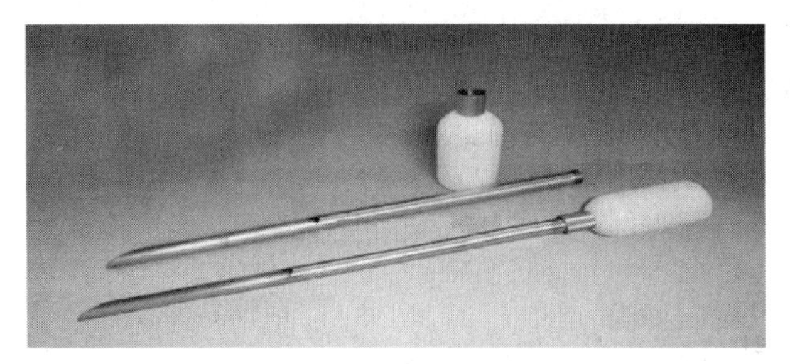

图 2-4　采样探子

图 2-5　使用采样探子取样

### 8. 尖头镐（腰斧）

尖头镐如图 2-6 所示，适用于采样前固体样品的处理。

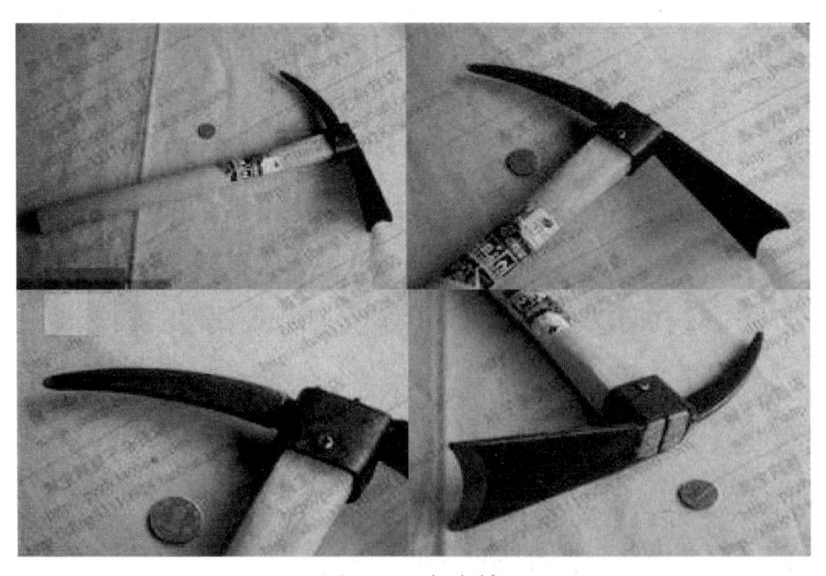

图 2-6　尖头镐

### 9. 尖头钢锹、采样铲

尖头钢锹、采样铲（平头钢锹）见图 2-7，适用于散装或袋装的较大颗粒样品。

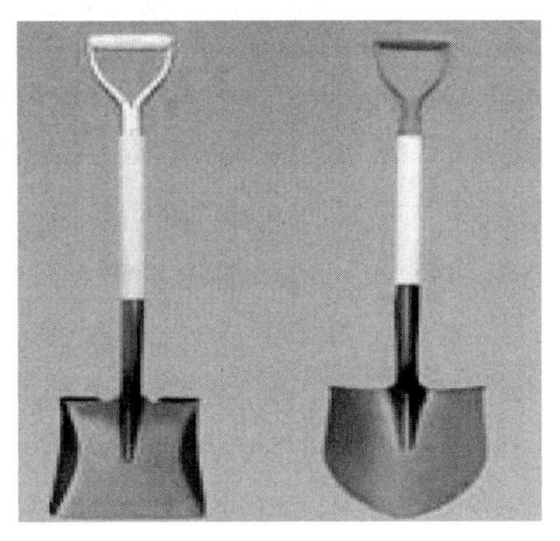

图 2-7　采样铲和尖头钢锹

### 10. 其他各种固体采样工具

对于特殊样品，还有很多专门的采样工具，见图 2-8～图 2-12。

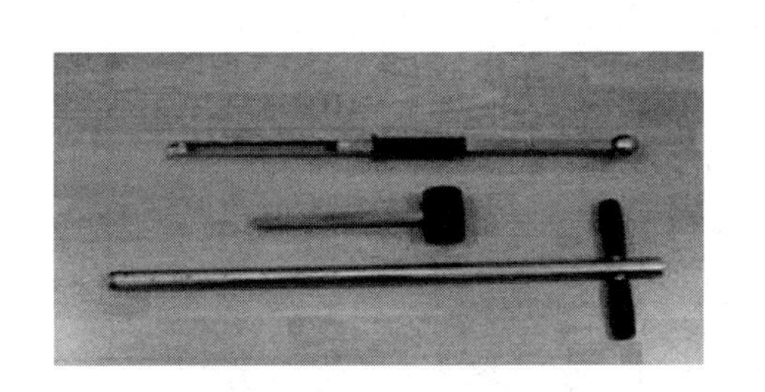

图 2-8　干硬土壤采集器

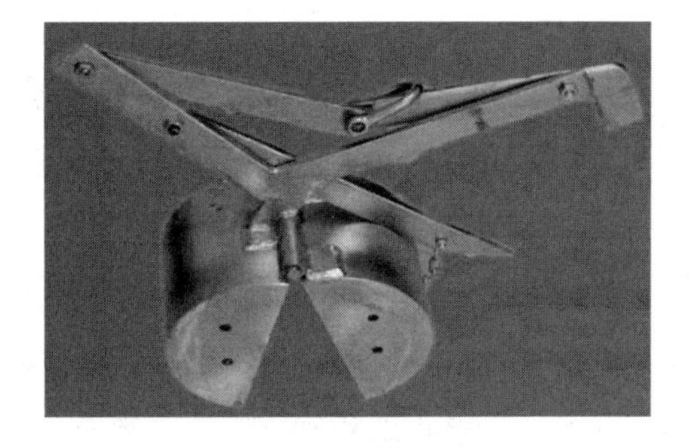

图 2-9　底泥采样器

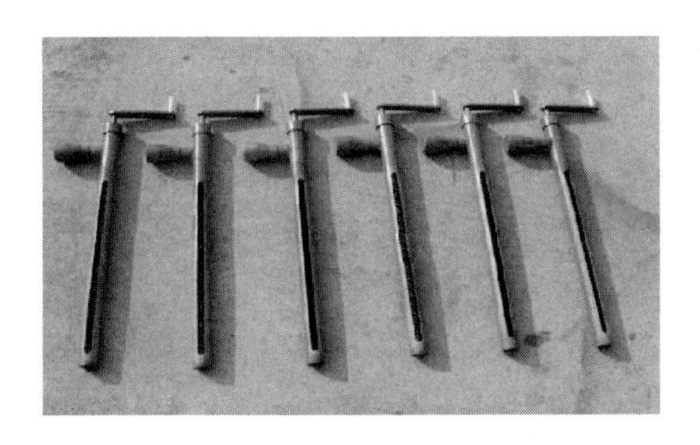

图 2-10　全封闭煤粉采样器

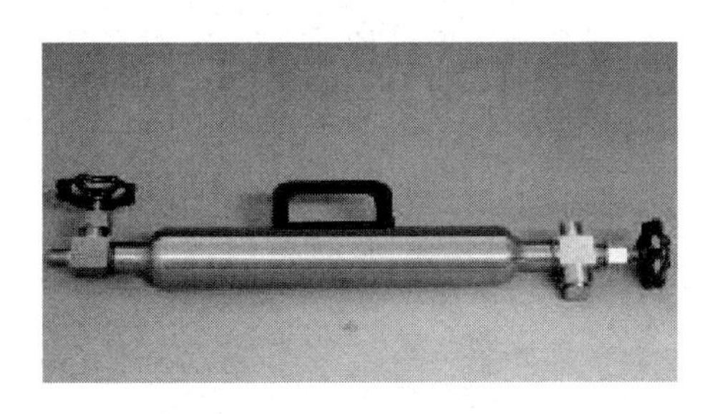

图 2-11　黏土采集器

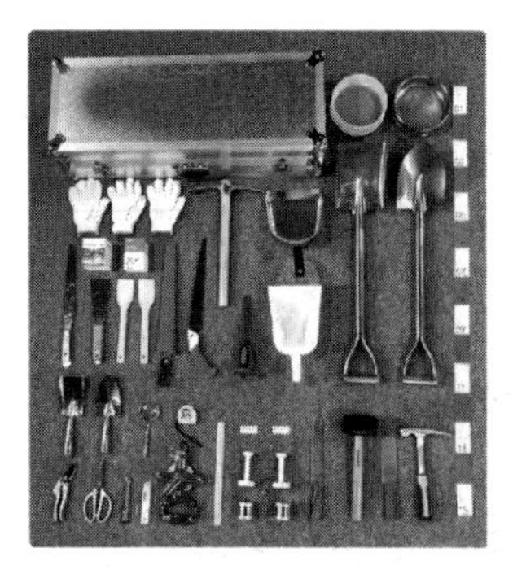

(a) 表层和剖面采样工具包

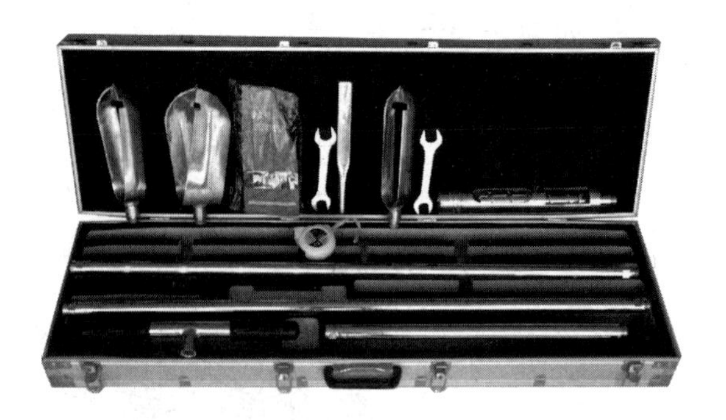

(b) 深度采样工具包

图 2-12　标准土壤采样

**讨论与交流**

1. 自动采样器、舌形铲、取样钻及双套取样管分别适用于何种状态的物料的取样？

2. 怎样用取样钻、双套取样管采取化肥样品？

# 知识二　固体样品的采集方法

**知识目标**

- 掌握固体样品采取的子样数目和子样质量的依据和方法；
- 掌握从物料流、运输工具、物料堆、工业产品、金属制品中的采样方法。

**能力目标**

- 学会根据具体的情况确定固体样品采取的子样数目和子样质量；
- 能正确操作不同工作场景下的固体样品的采集方法。

**素质目标**

- 具备客观、公正的采样态度；
- 具备严谨、仔细、认真的职业素养；
- 培养个人安全防护的安全意识。

在采样过程中，确定采样单元后，根据具体的情况确定固体样品采取的子样数目和子样质量，然后按照有关规定进行采样。现以商品煤样的采取方法为例，对于商品煤，一般以1000t为一采样单元，进出口煤按品种分别以交货量或一天的实际运量为一采样单元。采取的子样数目和子样质量按以下情况确定。

## 一、子样数目

① 对于1000t商品煤，可按表2-1的规定确定子样数目。

**表2-1　1000t商品煤子样数目**

| 煤种 | 原煤和筛选煤 | | 炼焦用精煤 | 洗煤(中煤) |
|---|---|---|---|---|
| | 干基灰分≤20% | 干基灰分>20% | | |
| 子样数目/个 | 30 | 60 | 15 | 20 |

② 煤量超过1000t的子样数目，按下式计算

$$N=n\sqrt{\frac{m}{1000}}$$

式中　$N$——实际应采子样数目，个；

$n$——表2-1所示的子样数目，个；

$m$——实际被采样煤量，t。

③ 煤量少于1000t时，子样数目按表2-1规定的数目按比例递减，但不得少于表2-2规定的数目。

**表2-2　不足1000t商品煤子样数目**　　单位：个

<table>
<tr><th colspan="3" rowspan="2">煤　种</th><th colspan="5">采样地点</th></tr>
<tr><th>煤流</th><th>火车</th><th>汽车</th><th>船舶</th><th>煤堆</th></tr>
<tr><td rowspan="2">原煤、筛选煤</td><td rowspan="2">干基灰分</td><td>>20%</td><td rowspan="4">表2-1规定数目的1/3</td><td>18</td><td>18</td><td rowspan="4">表2-1规定数目的1/2</td><td rowspan="4">表2-1规定数目的1/2</td></tr>
<tr><td>≤20%</td><td>18</td><td>18</td></tr>
<tr><td colspan="3">精煤</td><td>6</td><td>6</td></tr>
<tr><td colspan="3">其他洗煤(包括中煤)和粒度大于100mm的块煤</td><td>6</td><td>6</td></tr>
</table>

## 二、子样质量

商品煤每个子样的最小质量应根据煤的最大粒度按表2-3中的规定确定。人工采样时，如果一次采出的样品质量不足规定的最小质量，可以在原处再采取一次，与第一次采取的样品合并为一个子样。

表 2-3　商品煤粒度与采样量对照

| 商品煤最大粒度/mm | ＜25 | 25～50 | 50～100 | ＞100 |
|---|---|---|---|---|
| 每个子样的最小质量/kg | 1 | 2 | 4 | 5 |

## 三、不同工作场景下的固体样品的采集方法

### 1. 从物料流中采样

从输送状态的物料流中采样时，根据物料流量的大小及有效输送时间均匀地分布采样时间，即每隔一定的时间采取一个子样。采样时，若使用自动采样器，应调整工作条件，使之一次横截物料流的断面采取一个子样。若用采样铲在皮带运输机上采样，采样铲必须紧贴传送皮带而不得悬空铲取样品。一个子样也可以分成二次或三次采取，但必须按从左到右的顺序进行，采样部位不得交错重复。

传送带上小包装样品的采集

### 2. 从运输工具中采样

（1）从火车上采样　现以商品煤样的采取方法为例，煤量在300t以上时，对于炼焦用精煤、其他洗煤及粒度大于100mm的块煤，不论车厢容量大小，均按图2-13所示，在火车车厢内沿斜线方向在1、2、3、4、5的位置上按五点循环采取子样。对于原煤、筛选煤，不论车厢容量大小，均按图2-14所示，在车厢内沿斜线方向采取3个子样。斜线的始末两点距离车角应为1m，其余各点应均匀地分布在始末两点之间，各车皮的斜线方向应一致。

运输工具中采样方法

煤量不足300t时，炼焦用精煤、其他洗煤及粒度大于100mm的块煤，应采取子样的最少数目为6个，原煤、筛选煤应采取子样的最少数目为18个（表2-2）。在每辆车厢内按图2-13或图2-14的斜线上采取5个或3个子样。如果装煤的车厢数等于或少于3，则多余的子样可在与图2-13或图2-14交叉的斜线上采取。

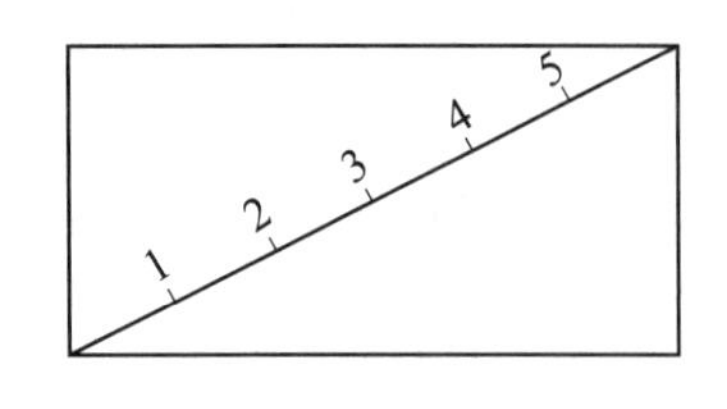


图2-13　斜线五点法

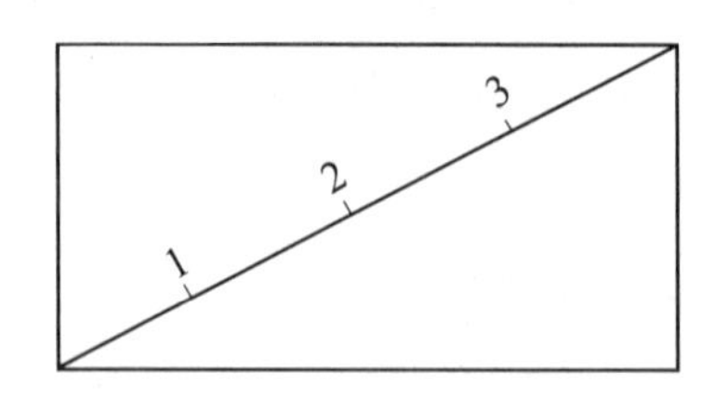


图2-14　斜线三点法

商品煤装车后，发售单位应立即从煤的表面采样，用户需要核对时，可以挖

坑至 0.4m 以下采样。采样时，采样点若有粒度大于 150mm 的大块物料（如块煤、煤矸石、黄铁矿等），则不能弃去。如果大块物料超过 5%时，除在该采样点按前述中的规定量采取子样外，还应将该点内的大块物料采出，破碎后用四分法缩分，取出不少于 5kg 的物料并入该点子样内。

（2）从汽车等小型车辆上采样　从小型车辆中采取固体物料时，子样的数目应按具体规定执行。对于商品煤，子样的数目应按前述中的规定来确定，子样点可按沿斜线采样的原则来布置，但由于汽车等小型车辆的容积较小，可装车数远远超过应采取的子样数目，所以不能从每一辆车中采取子样。一般是将采取的子样数目平均分配于所装的车中，即每隔若干车采取一个子样。例如，1000t 商品煤，按规定应采取 60 个子样，如果汽车的载运量为 4t，应装 250 车，则每隔大约 4 车采取一个子样。

（3）从大型船舶中采样　大型船舶装运的固体物料一般不在船上直接采样，而应在装卸过程中于皮带输送机煤流中或其他装卸工具（如汽车）上采样。按前述中规定的子样数目和子样质量来采样。

静止物料堆采样

### 3. 从物料堆中采样

从物料堆中采样时，子样数目应根据商品煤量按前述中的规定来确定，每个子样的最小质量按表 2-3 确定。采样时，应根据煤堆的不同形状，先将子样数目均匀地分布在煤堆的顶部和斜面上，如图 2-15 所示。最下层的采样部位应距离地面 0.5m。每个采样点的 0.2m 表层物料应除去，然后沿着和物料堆表面垂直的方向边挖边采样。

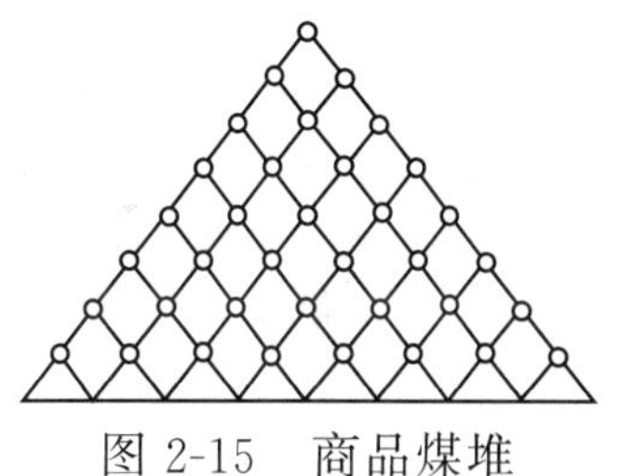

图 2-15　商品煤堆子样点分布示意图

### 4. 固体工业产品的采样

固体化工产品一般都使用袋（桶）包装，每一袋（桶）称为一件。采样单元数可按表 1-2 来确定，同时在确定子样数目后，即可用取样钻或双套取样管对每个采样单元分别进行采样。化工产品的总样量一般不少于 500g，其他工业产品的总样质量应足够分析用。

### 5. 金属或金属制品的采样

对于组成比较均匀的金属，如片状或丝状金属物料，剪取一部分即可进行分析。但对于钢锭和铸铁等金属物料，其表面和内部的组成很不均匀，取样时应先将表面清理，弃去表面物料，然后用钢钻、刨刀等机具在不同的部位、不同的深度取碎屑混合均匀，作为分析试样。在有关技术标准中有详细的规定。

## 讨论与交流

1. 固体工业产品的采样方法和固体矿物的采样方法是否相同？为什么？
2. 在火车车厢中采样时，子样点如何布置？什么是五点循环方式采样？
3. 从物料堆中采样时，子样点如何布置？需要注意什么问题？
4. 采取化肥试样时，怎样确定应采子样的数目？

# 知识三　固体样品的处理方法

## 知识目标

- 了解固体样品制备的常用工具；
- 掌握固体样品的制样要求和制样程序。

## 能力目标

- 能正确进行破碎、筛分、掺和、缩分的固体样品制备操作；
- 会正确使用固体样品制备中的各种设备仪器。

## 素质目标

- 具备不断学习提升技能的职业态度；
- 具备严谨、仔细、认真的职业素养；
- 培养个人安全防护的安全意识。

## 一、固体样品的制样要求

① 在制样全过程中，应防止样品产生任何化学变化和污染。若制样过程中可能对样品的性质产生显著的影响，则应尽量保持原来的状态。

② 湿样品应在室温下自然干燥，使其达到适于破碎、筛分、缩分的程度。

③ 制备的样品应过筛后（筛孔为5mm）装瓶备用。

## 二、固体样品的处理方法

固体样品四分法

固态物料的采样量较大，其粒度和化学组成往往不均匀，不能直接用来进行分析。因此，为了从总样中取出少量的物理性质、化学性质及工艺特性和总样基本相似的代表样，就必须将总样进行制备处理。样品的制备一般包括破碎、筛分、掺和、缩分等几个步骤。

### 1. 破碎

按规定用适当的机械或人工减小样品粒度的过程称为破碎。对于大块物料，常用破碎机或球磨机等进行粗碎，使样品能通过 4～6 号筛，再用圆盘粉碎机等进行中碎，使样品能通过 20 号筛。破碎机（粉碎机）在生产和实际工作中有很多种，图 2-16～图 2-21 是常见的几种。

图 2-16　标准粉碎机（破碎机）

图 2-17　双辊式破碎机

图 2-18　强击式破碎机

图 2-19　皮带输送机破碎机

图 2-20　木材破碎机

图 2-21　煤矿用双齿辊破碎机

图 2-22　破碎用的手锤

煤和焦炭之类的疏脆性物料可进行人工破碎，一般是在表面光滑的厚钢板上，用钢辊或手锤（图 2-22）先进行粗碎，然后用压磨锤、瓷研钵、玛瑙研钵等进行细碎。不同性质的样品要求磨细的程度不同。一般要求分析试样能通过 100～200 号筛。

**2. 筛分**

筛分法筛分样品

按规定用适当的标准筛对样品进行分选的过程称为筛分。经过破碎的物料中，仍有大于规定粒度的物料，必须用一定规格的标准筛进行过筛，将大于规定粒度的物料筛分出来，以便继续进行破碎，直至全部通过规定的标准筛。物料的硬度不同，组成也常常不相同，所以过筛时，凡是未通过标准筛的物料，必须进一步破碎，不可抛弃，以保证所得样品能代表整个被测物料的平均组成。化验室中使用的标准筛又称为分样筛或试验筛，筛子一般用细的铜合金丝制成，其规格以“目”表示。目数越小，标准筛的孔径越大；目数越大，标准筛的孔径越小。

各种筛号即 25.4mm（1in）长度内的孔数，其规格见表 2-4。

**表 2-4　筛号（网目）及其规格**

| 筛号(网目) | 20 | 40 | 60 | 80 | 100 | 120 | 200 |
|---|---|---|---|---|---|---|---|
| 筛孔(即每孔的长度)/mm | 0.83 | 0.42 | 0.25 | 0.18 | 0.15 | 0.125 | 0.074 |

各种常见的物料筛见图 2-23～图 2-28。

图 2-23　三次元旋振筛

图 2-24　实验筛

图 2-25　标准振筛机

图 2-26　分样筛

图 2-27　振击式标准振筛

图 2-28　标准套筛

**3. 掺和**

按规定将样品混合均匀的过程称为掺和。经破碎后的样品，其粒度分布和化学组成仍不均匀，须经掺和处理。对于粉末状的物料，可用掺和器进行掺和。对于块粒状物料和少量的粉末状物料，可用堆锥法进行人工掺和。如，以堆锥法掺和煤样时，将已破碎、过筛的煤样用平板铁锹在光滑平坦的厚钢板上铲起堆成一个圆锥体，再交互地从煤样堆两边对角贴底逐锹铲起堆成另一圆锥体，每次铲起的煤样应分数次自然撒落在新锥顶端，使之均匀地落在新锥四周。堆掺操作重复三次后即可进行缩分。

**4. 缩分**

按规定减少样品质量的过程称为缩分。经过破碎、筛分、掺和之后的样品，其质量仍然很大，不可能全部加工成为分析试样，必须进行数次缩分处理。在条件允许时，最好使用机械分样器进行缩分。机械分样器种类很多，图 2-29～图 2-32 是常见的几种。二分器较为常用，使用二分器进行缩分时，用铁锹将样品铲入二分器，将分样器沿着二分器的整个长度往复摆动，样品由两侧流出，被平分为两份。

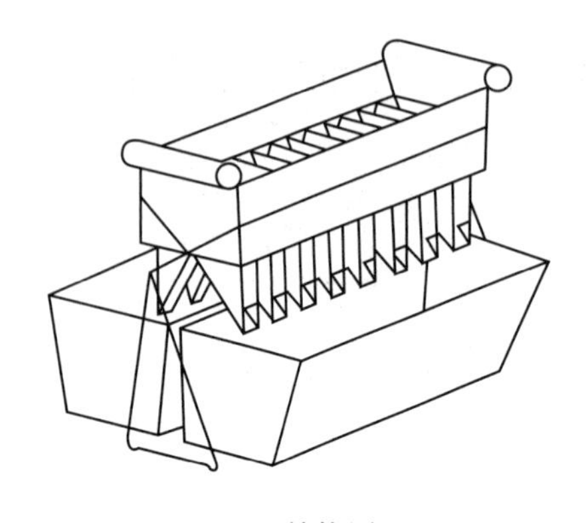

（a）结构图

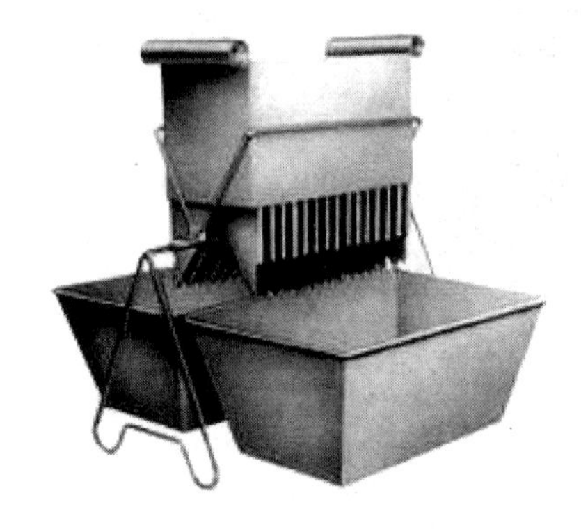

（b）实物图

机械法

缩分样品

图 2-29　二分器

图 2-30　自动机械缩分器

图 2-31　破碎缩分联合制样机

如果没有机械分样器，可用四分法进行人工缩分。四分法是将物料堆成圆锥体，用平木板或其他工具从锥顶向下将物料压成厚度均匀的扁平体，然后通过中心按十字形切分成四个等同的扇形体，弃去其中两个相对的扇形体，留下两个扇形体，继续进行掺和及缩分操作，直至达到所需的样品量为止。四分法缩分示意图如图 2-33 所示。十字分样板如图 2-34 所示。

图 2-32　不锈钢缩分二分器

缩分的次数不是随意的，在每次缩分时，试样的粒度与保留的试样量之间都应符合采样公式 $Q=Kd^2$，否则应进一步破碎后，再缩分。

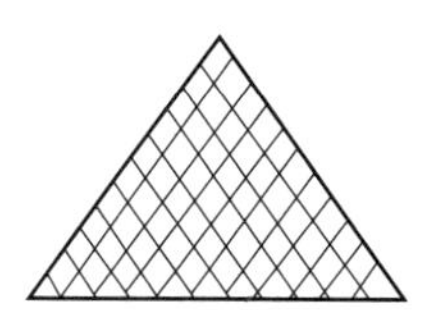
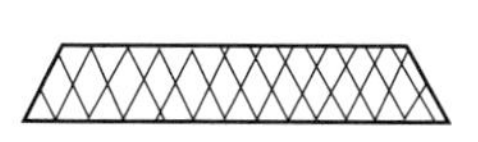
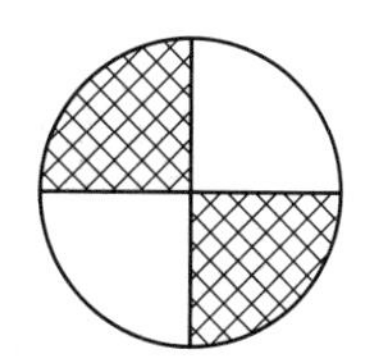

图 2-33　四分法缩分

堆锥四分法

**【例 2-1】** 有样品 40kg，粗碎后最大粒度为 6.0mm，问应缩分几次？如缩分后再破碎至全部通过 10 号筛，问应再缩分几次？（已知 $K=0.1$，10 号筛的筛孔直径为 2.00mm）

图 2-34　十字分样板

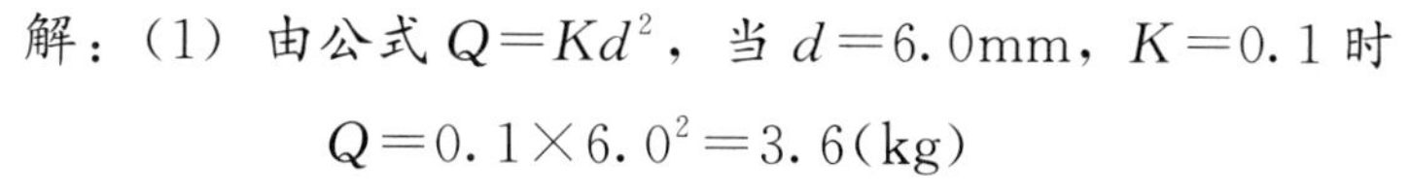

解：（1）由公式 $Q=Kd^2$，当 $d=6.0\text{mm}$，$K=0.1$ 时

$$Q=0.1\times6.0^2=3.6(\text{kg})$$

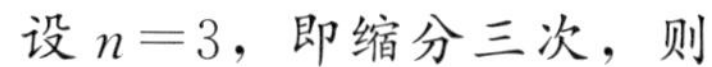

设 $n=3$，即缩分三次，则

$$Q=40\times(1/2)^3=5(\text{kg})$$

大于 3.6kg。

设 $n=4$，则

$$Q=40\times(1/2)^4=2.5\ (\text{kg})$$

小于 3.6kg，所以应取 $n=3$，即应缩分三次。

（2）破碎至通过孔径为 2.00mm 的筛子后

$$Q=0.1\times2.00^2=0.4(\text{kg})$$

设 $n=4$，则

$$Q=5\times(1/2)^4=0.3125(\text{kg})$$

小于 0.4kg。

设 $n=3$，则

$$Q=5\times(1/2)^3=0.625(\text{kg})$$

大于 0.4kg，所以应取 $n=3$，即应再缩分三次。

## 讨论与交流

1. 为什么要对采集的固体样品进行处理？将固体样品制备成试料要经过哪几步处理？简述各步骤的目的。

2. 采得一份石灰石样品 20kg，粗碎后最大粒度为 6.0mm，已知 $K$ 值为 0.1，问应缩分几次？如缩分后再破碎至 2.0mm，应再缩分几次？

# 任务一　采集与制备复混肥料均匀固体样品

## 任务目标

采集与制备复混肥料均匀固体样品。

固体样品的粉碎

## 任务描述

某化肥厂成品仓库有一级复混肥料，批量为540包，批号20220425，生产日期2022-04-25，每包净重为25kg。进行一次全分析，需试样量约250g。

## 任务实施

### 一、最少抽样件数的计算

采样单元数$n=3\times\sqrt[3]{N}=3\times\sqrt[3]{540}=24.4\approx25$（包）（逢小数就进位，取整数。）

### 二、采样单元位置（根据随机数表标出）

将肥料包编号。根据查随机数表，采样单元位置分别是：394、315、297、440、454、128、134、359、435、534、246、60、203、384、479、146、117、3、230、535、192、379、437、487、142（共25个数）。（见附录随机数表第一页，例：如起点是第6行、第5列，就找到随机数表中39，由于样品总数是540，三位数，因此以三位数为一例，起点数据是394，通常以列方向往下数，如有超过540的数，跳过，不足换成下一列，重复数据删掉。）

### 三、采样数量

三次全分析需要样品量：

250×3=750(g)⟶约放大至800g（因为分装过程有损耗，该数据可适当大一些。）

三次留样分析需要样品量：

$$250\times3=750(g)\longrightarrow约放大至800g$$

总取样量为3200g，四分法缩分一次取1600g，其中留样800g，取样分析800g。

每包取样量：3200÷25=128g ⟶约放大至130g（数据可适当大一些。）

每单元样品采样量是130g，总采样量为3200g（该数据是参考值，适当大一些也可以)。

## 四、采样操作及注意事项

1. 采样工具

取样钻、采样瓶。

2. 采样操作

采样前，取样钻、采样瓶必须干净、干燥。取样钻从采样单元（包）对角线插入1/3～2/3深度，将取样钻旋转180°后抽出，取不少于130g样品于采样瓶中，将钻槽中的物料刮出转入样品瓶中，盖严瓶塞。按采样单元位置取满25包，混匀，用四分法缩分，取对角，分别装入两个干燥清洁的瓶中，密封，瓶外贴好标签，注明样品名称、来源、采样者姓名及采样日期等。一瓶送检验，另一瓶留样。剩余的样品归还指定点，不许乱扔。

3. 采样安全

采样时安全注意事项：注意通风，防止与眼睛和皮肤接触，采样时穿戴手套、防护眼镜、工作服等个人防护。

## 五、采样标签和采样原始记录

1. 采样标签

| 样品名称 | 复混肥料 |
|---|---|
| 生产企业名称 | ××化肥厂 |
| 样品规格(或型号、等级) | 一级 |
| 样品批量 | 540包,每包净重25kg |
| 样品批号 | 20220425 |
| 生产日期 | 2022年4月25日 |
| 采样者姓名 | ××　×× |
| 采样日期 | 2022年4月26日 |

2. 采样原始记录

| 样品名称 | 复混肥料 |
|---|---|
| 生产企业名称 | ××化肥厂 |
| 样品规格(或型号、等级) | 一级 |
| 样品批量 | 540包,每包净重25kg |
| 样品批号 | 20220425 |
| 生产日期 | 2022年4月25日 |
| 采样单元数 | 25瓶 |
| 采样工具 | 取样钻、采样瓶3个 |
| 采样地点 | 成品仓库 |

续表

| | |
|---|---|
| 采样气候(温度等) | 晴(或雨,湿度) |
| 采样情况记录 | 正常(或有破损、沉淀等现象记录) |
| 采样者姓名 | ××　　×× |
| 采样日期 | 2022年4月26日 |

## 任务检查

### 小组讨论

某水泥厂成品仓库有优级水泥，批量为220包，批号20220427，生产日期2022-04-27，每包净重为50kg。进行一次全分析，需试样量约300g。

① 最少抽样单元件数的计算。

② 确定抽样件的位置，符合随机抽样要求（见附录随机数表，设抽样件的起始位置是第8行、第6列）。

③ 如进行一次四分法缩分，每单元样品采样量、总需采样量的计算。

④ 采样工具、采样操作、混合、分装、采样安全。

⑤ 抽样记录、标签准确。

## 任务评价

| 序号 | 观测点 | 评价要点 | 自我评价 |
|---|---|---|---|
| 1 | 计算最少抽样件数 | (1)最少抽样件数的计算公式的正确使用和准确计算<br>(2)计算结果小数是否取整数 | |
| 2 | 符合随机抽样要求,抽取件数的位置正确及随机数表标出的采样单元位置正确 | (1)读懂并正确使用随机数表<br>(2)正确并完整标出采样单元位置 | |
| 3 | 最少采样量确定 | (1)理解并正确计算检测样品和留样样品的数量<br>(2)理解四分法缩分后总需采样量的估算<br>(3)理解单元样品采样量的估算 | |
| 4 | 采样操作、采样安全注意事项正确 | (1)采样工具的选择<br>(2)采样操作的规范<br>(3)采样个人安全防护正确 | |
| 5 | 采样原始记录、采样标签填写正确 | 采样信息填写齐全,如:样品名称、生产企业名称、样品规格(或型号、等级)、样品批量、样品批号、生产日期、采样单元数、采样工具、采样地点、采样气候(温度等)、采样情况记录、采样者姓名等 | |

# 任务二　采集与制备土壤非均匀固体样品

## 任务目标

采集与制备土壤非均匀固体样品。

## 任务描述

土壤样品的采集和制备是土壤理化分析的重要环节。采样过程中引起的误差往往比室内分析引起的误差大得多，因此，必须采集有代表性的土样。从野外采回来的土壤样品，常含有砾石、根系等杂物，土粒又相互黏聚在一起，这就会影响分析结果的准确性，所以在进行分析前，必须经过一定的制备处理。

经处理后的土壤含有吸湿水，吸湿水含量随空气相对湿度的变化而变化，土壤不同，吸湿水含量各异。因此，在一般土壤分析工作中，结果的计算都不以风干土重为基数，而是以烘干土重为基数。而分析时一般都用风干土，故分析前必须先测定吸湿水的含量，以便把风干土重换算成烘干土重。

## 任务实施

### 一、采样点的数目

采样点的数目根据地形地貌、污染均衡性和采样区的面积而定。

| 采样区面积/亩 | 采样点数目/个 |
|---|---|
| 小于 10 | 5～10 |
| 10～40 | 10～15 |
| 大于 40 | 15～20 |

注：1 亩=666.7m$^2$。

在丘陵山区，一般 5～10 亩可采一个混合样品。在平原地区，一般 30～50 亩可采一个混合样品。

### 二、采样点的布置方法

土壤本身在空间分布上具有一定的不均匀性，故应多点采样、混合均匀，以使所采样品具有代表性。土壤样品的采集方法根据分析目的的不同而有差别。如果要研究整个土体的发生发育，则必须按土壤发生层次采样；如果要进行土壤物理性质的测定，需采原状土样品；如果要研究耕层土壤的理化性质、养分状况，则应选择代表性田块，在耕作层多点采取混合样品，如有必要，还可在耕作层以下再采一层混合样品。

混合样品的采集方法、样点的数目和分布应视田块的形状、大小、土壤肥力状况、研究目的和要求的精细程度等而有所不同，一般有下列三种采样方法。

1. 对角线采样法

田块面积较小、接近方形、地势平坦、肥力较均匀的田块可用此法，取样点不少于 5 个。

2. 棋盘式采样法

面积中等、形状方整、地势较平坦、肥力不太均匀的大田块宜采用此法，取样点不少于 10 个。

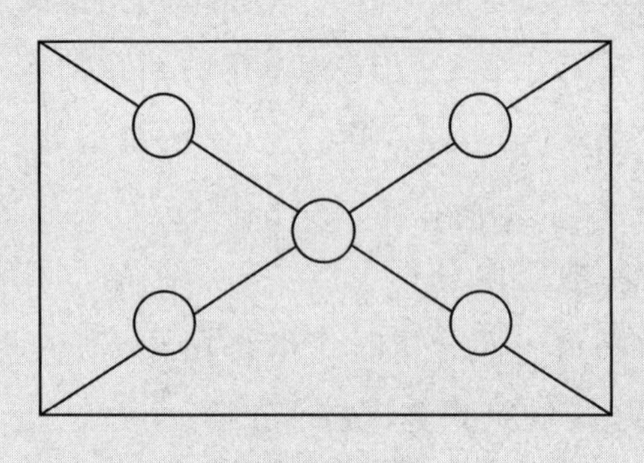

对角线采样法

棋盘式采样法

3. 蛇形采样法

适用于面积较大、地势不太平坦、肥力不均匀的田块。按此法采样，在田间曲折前进来分布样点，至于曲折的次数则依田块的长度、样点的密度而变化，一般在 3～7 次之间。

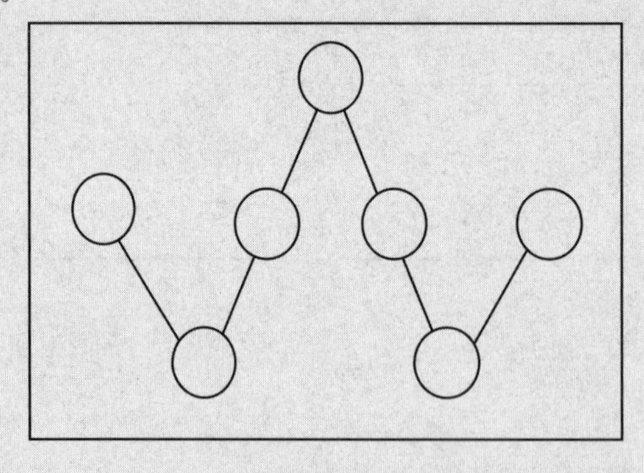

蛇形采样法

## 三、采样深度

如果了解土壤污染的深度，应按土壤剖面层次分层取样。

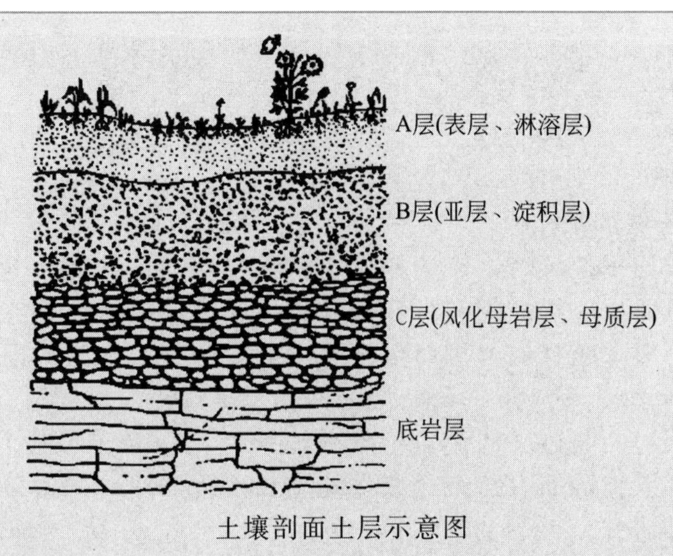


土壤剖面土层示意图

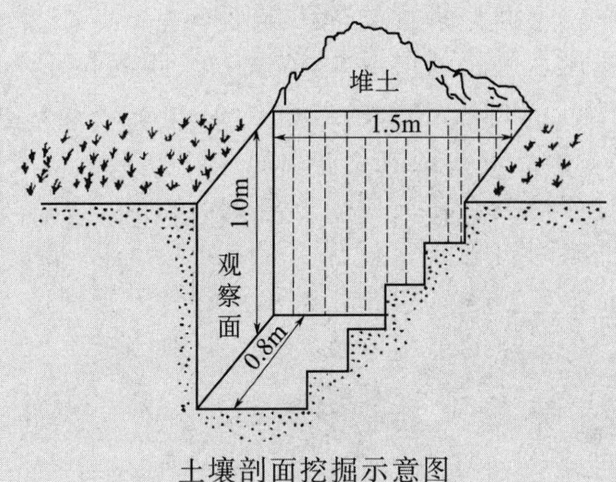


土壤剖面挖掘示意图

注意每个采样点的取土深度及采样量应均匀一致，土壤的上层和下层的比例要相同。

1. 一般土壤的采样

如果了解一般土壤的污染状况，采样深度只需取 15cm 左右的耕层土壤和耕层以下的 15～20cm 土样。到达田间以后，先要确定采样方法，如果是采集耕作层土壤，则先在样点部位把地面的作物残茬、杂草、石块等除去。如果是新耕翻的土地，就将土壤略加踩实，以免挖坑时土块散落。用铁铲挖一个小坑，坑的一面修成垂直的切面，再用铁铲垂直向下切取一片土壤，采样深度应等于耕作层的深度，用采土刀把大片土块切成宽度一致的长方形土块。各个土坑中取的土样数量要基本一致，合并在一起，装入干净的布袋，携回室内。一般每个混合样品需 1kg 左右，如果样品取得过多，可用四分法将多余的土壤弃去。

将土样装入布袋或塑料袋中，用铅笔写两张标签，一张放在布袋内，将有字的一面向里叠好，字迹不得搞模糊。另一张扎在布袋外面。标签上应该填写样品编号、采样地点、土壤名称、采样深度、采样日期、采样人等。

表层土壤样品的采集

土壤样品的采集

2. 农作物土壤的采样

在撒播作物田里挖坑时，应选择作物长势较均匀的地方作为采样点，在中耕作物田里挖坑时，应在株间和行间的几种不同部位进行，在作物生长期间如不允许挖坑损害多量植株时，则改用土钻（或取土器）取土，但要适当增加取样点的数目。

应避免在田边、路边、沟边、特殊的地形部位以及堆放肥料的地方采样。当发现土壤存在差异，如有盐碱斑或作物生长不正常时，则应分别取样，以便单独进行分析和研究。

对果园土壤采样，根据分析目的的不同而有差异。如要进行土壤农化性质的分析，可以选定能代表果园的果树 5～6 株，从距各树干 30cm 左右的内侧选 2～3 个点，分别取表土（即主根系区，在 0～20cm 深度）和下层土（在 20～50cm 深度），将 2～3 个点取出的表土和下层土样分别进行混合，或分别分析每个点的试样。采样时应将覆盖在表层未分解的有机物、杂草等清除后再开始采样。如果树由于某种原因出现异常症状，而又可能是以土壤为媒介引起的，则采集土壤分析样品时，应准确区别健壮树和异常树，分别选 5～6 株，采集根际及其下层土壤样品，各样点的土壤不要混合，分别测定。

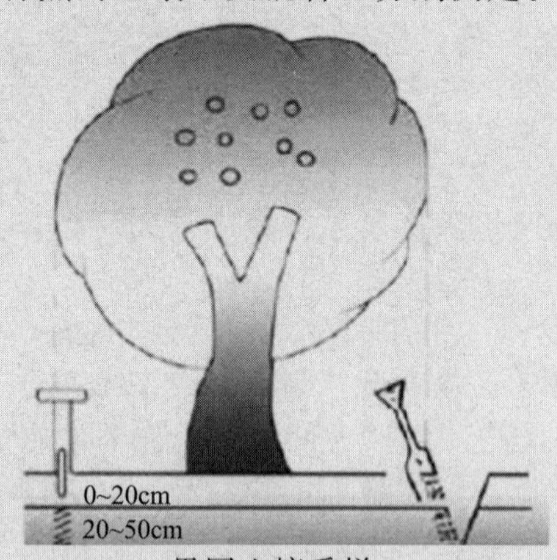


果园土壤采样

土壤采样位置距树干 30cm 左右内，每一个采样点以距地面 0～20cm、20～50cm 的深度为取样标准

**四、采样工具、方法、制备**

1. 采样工具

铁铲、土钻、塑料布、土样袋、绳子、铅笔、采样标签纸、GPS 定位仪等。

采样工具可参见图 2-12。

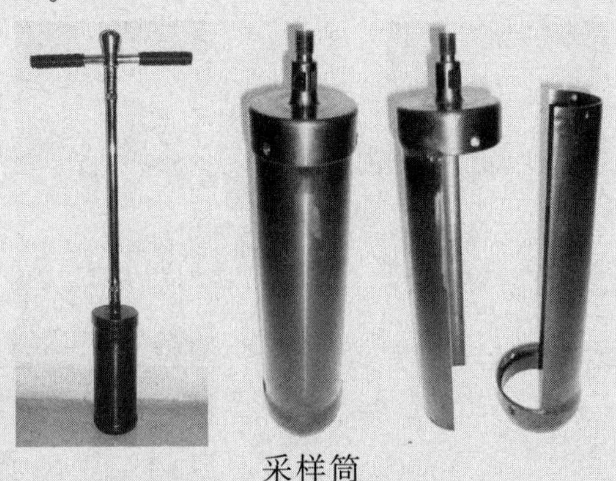

采样筒

2. 采样方法

(1) 采样筒取样　适用于表层土样的采集。

将采样筒直接压入土层内，然后用铲子将其铲出，清除采样筒口多余的土壤，采样筒内的土壤即为所取样品。

(2) 土钻取样　土钻取样是用土钻钻至所需深度后，将其提出，用挖土勺挖出土样。

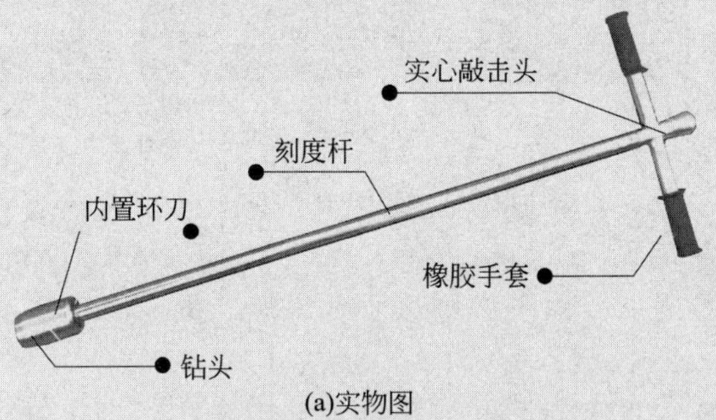


(a)实物图

(b)钻头

(c)取土过程

环刀取土钻

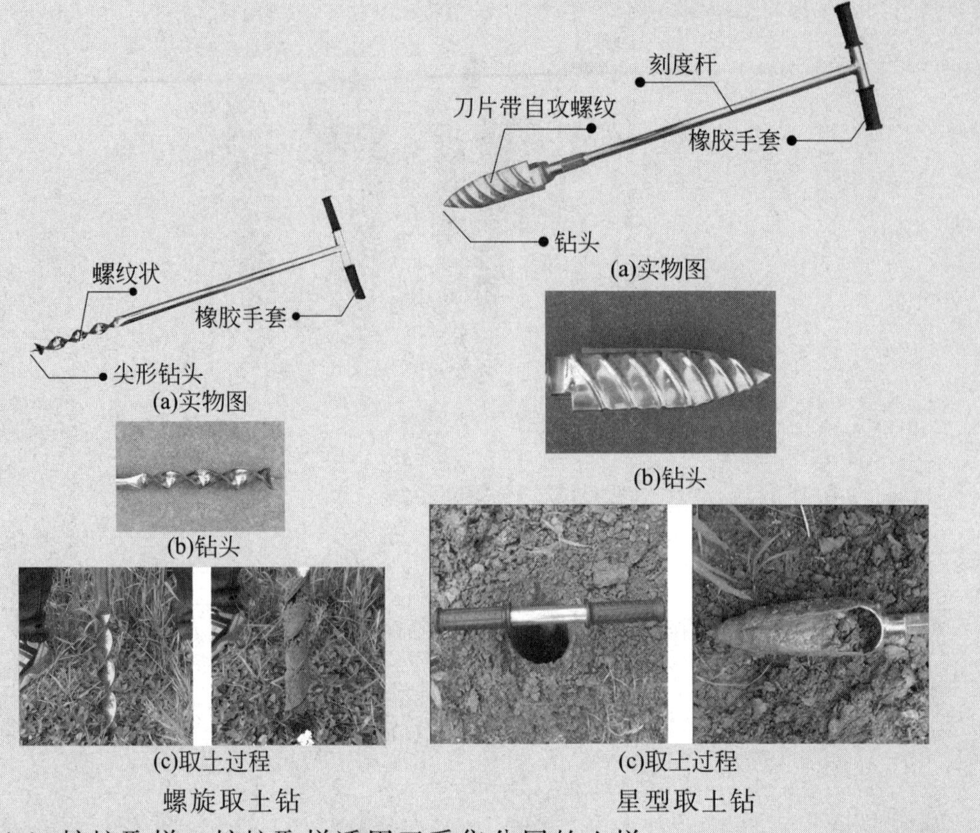


螺旋取土钻　　星型取土钻

(3) 挖坑取样　挖坑取样适用于采集分层的土样。

土钻取样

先用铁铲挖一截面1.5m×1m、深1.0m的坑，平整一面坑壁，并用干净的取样小刀或小铲刮去坑壁表面1～5cm的土，然后在所需层次内采样0.5～1kg，装入容器内。

注意：测定微量元素或测定重金属含量的样品，需将接触金属采样器的土壤弃去，或用非金属采样器采样。

3. 土壤样品的制备

土壤样品的制备

采回的土样，应及时摊开、风干，以防霉变。将土样倒在干净的纸上或塑料布上摊成薄层，将大土块捏碎，除去石块、植物根茎、新生体等杂物。放在室内阴凉通风处风干，切忌阳光直接曝晒，并防止灰尘、酸碱性气体的侵入。

风干后的土壤在磨土板上用木棍碾碎，将细土通过2mm的筛子。留在筛上的土块再倒在木板上重新碾碎，再过筛，如此反复进行，除小石块外，必须使全部土样都碾碎过筛，不得随意丢弃。将通过2mm筛孔的土样混合均匀，用四分法取出1/2装入广口瓶中，保存备用。余下的土样进一步碾碎，使全部土壤都通过1mm筛孔。这部分土样可供速效性养分及交换量、pH等项目的测定用。再从通过1mm筛孔的土样中，用骨匙多点取出样品，约30g，放入瓷研钵中进一步研磨，使全部通过0.25mm筛孔的筛子。这部分样品供分析有机质、全氮等项目用。将磨好的土样分别装入广口瓶或塑料瓶中备用，瓶外贴一张标签，瓶内也要放一张相同的标签。

4. 采样标签

| 土壤样品标签 | |
|---|---|
| 样品标号______ | 业务代号______ |
| 样品名称______ | |
| 土壤类型______ | |
| 监测项目______ | |
| 采样地点______ | |
| 采样深度______ | |
| 采样人______ | 采样时间______ |

**五、土壤吸湿水的测定**

1. 操作步骤

取风干过筛的土样（过 1mm 筛）5～10g，放入已知重量的铝盒中，在分析天平上称重。然后，把盒盖套置在铝盒下面，放进烘箱，在 105～110℃下烘 8h，取出，将铝盒盖好，放入干燥器中冷却至室温，称重。然后重新放入烘箱中再烘 2h 冷却后称重，以验证土样是否达到恒重（两次重量之差不大于 3mg）。一般要做 2～3 个重复。

2. 结果计算

$$\text{土壤吸湿水}(g/kg)=\frac{W_1-W_2}{W_2-W}\times 1000$$

$$=\frac{\text{风干土重}-\text{烘干土重}}{\text{烘干土重}}\times 1000$$

式中 $W_1$——风干土重＋铝盒重，g；

$W_2$——烘干土重 ＋ 铝盒重，g；

$W$——铝盒重，g。

吸湿水测定后，将一定数量的风干土重换算成烘干土重，可按下式计算：

$$\text{烘干土重}=\frac{\text{风干土重}}{1+\text{土壤吸湿水重}/1000}$$

## 任务检查

### 小组讨论

① 在田间采集土壤样品时应注意哪些问题？

② 怎样才能采集一个有代表性的混合土壤样品？

③ 土壤样品为什么要测定吸湿水？

④ 请查阅分享一下矿岩固体样品的采集与制备方法。

## 任务评价

| 序号 | 观测点 | 评价要点 | 自我评价 |
| --- | --- | --- | --- |
| 1 | 采样点的数目确定 | 会根据地形地貌、污染均衡性和采样区的面积对应确定采样点的数目 | |
| 2 | 采样点的采样方法和位置确定 | 会根据田块的形状、大小、土壤肥力状况、研究目的和要求的精细程度确定混合样品的采集方法、样品的数目和分布位置 | |
| 3 | 采样深度的确定 | 会根据一般土壤的采样、农作物土壤的采样、果园土壤的采样、污染土壤的采样等各种分析检测实际要求确定采样深度 | |
| 4 | 采样工具、采样操作、采样安全注意事项正确 | (1)采样工具的选择<br>(2)采样操作的规范<br>(3)采样个人安全防护正确 | |
| 5 | 采样原始记录、采样标签填写正确 | 采样信息填写齐全，如：样品名称、样品标号、土壤类型、监测项目、采样日期、采样单元数、采样工具、采样地点、采样气候(温度等)、采样情况记录、采样者姓名等 | |

## 知识链接

### 果蔬样品的采集、制备与保存

“果蔬样品”，是泛指水果蔬菜中的果实、浆果、块茎、块根等。

瓜果的成熟期延续很长，一般在主要成熟期采样，必要时也可在成熟过程中采2～3次样品。每次应在试验区或地块中不少于10个样株上采取簇位相同、成熟度一致的瓜果组成平均样品。平均样品的果数，较小的瓜果如辣椒等不少于40个；番茄、洋葱、马铃薯等不少于20个；黄瓜、茄子、萝卜等不少于15个；较大的瓜果如西瓜、白菜、甘蓝等不少于10个。数量多时，可以切取果实的1/4组成平均样品，总重以1.5kg左右为宜。

采集果树的果实样时，样株要挑选树龄、株型、生长势、载果量等一致的正常株，老、幼和旺长的果树都不具代表性。在同一果园、同一品种的果树中选5～10株为代表株，从每株的全部收获物中选取大、中、小和向阳及背阴的果实共10～15个组成平均样品；一般总重不少于1.5kg。

瓜果和蔬菜分析通常用新鲜样品，采回的瓜果、蔬菜样品同样需要洗涤、擦干。大的瓜果或样品数量多时，可均匀地切取其中的一部分，但要使所取部分中各种组织的比例与全部样品中的相当。将分析用的样品切成小块，用高速植物组织捣碎机（或研钵）打成匀浆，从混匀的匀浆中多点勺取称样。多汁的瓜果也可在切碎后用纱布挤出大部分汁液，残渣捣碎后再与汁液一起混匀、称样。

瓜果样品如需干燥，则必须力求快速，以保证样品的成分不变。打碎的鲜样先在110～120℃的鼓风干燥箱中烘20～30min，降温后再在60～70℃烘干。

本项目课件

## 练一练、测一测

### 一、填空题

1. 从火车上采取商品煤样时，不论车厢容量大小，通常遵循______法或______法循环采取子样。

2. 固体样品的制备一般包括______、______、______、______等几个步骤。

3. 按规定用适当的机械或人工减小样品粒度的过程称为______。对于大块物料，常用________或______等进行粗碎，使样品能通过______号筛，再用圆盘粉碎机等进行______，使样品能通过20号筛。

4. 化验室中使用的标准筛又称为______或______，筛子一般用__________制成，其规格以“______”表示。

5. 取样钻适用于______________________________的固体物料。取样时，将取样钻由袋口一角沿对角线方向插入袋内____处，旋转____后抽出，刮出钻槽中的物料，作为一个______。

6. 不均匀固体样品如土壤样品的采样点的布置方法，一般有______、______及________三种采样方法。

7. 手工缩分的方法有________和交替铲法。

### 二、选择题

1. 按规定将固体样品混合均匀的过程称为（　　）。

A. 破碎　　B. 筛分　　C. 掺和　　D. 缩分

2. 标准筛的筛号（网目）为80目，筛孔（即每孔的长度）大约为（　　）mm。

A. 1.8　　B. 18　　C. 0.018　　D. 0.18

### 三、判断题

化验室中使用的标准筛一般用细的铜合金丝制成，其规格以“目”表示。目数越小，标准筛的孔径越小；目数越大，标准筛的孔径越大。（　　）

### 四、简答题

1. 固体样品的一般采样常用工具有哪些？专用的固体采样工具有哪些？

2. 简述从物料流中采样的方法。

**五、计算题**

1. 有样品40kg，粗碎后最大粒度为6.0mm，问应缩分几次？如缩分后再破碎至全部通过10号筛，问应再缩分几次？（已知 $K=0.1$，10号筛的筛孔直径为2.00mm）

2. 某化肥厂成品仓库有优级农肥，批量为327包，批号20220425，生产日期2022-04-25，每包净重为50kg，进行一次全分析，需试样量约300g。

① 最少抽样单元件数的计算。

② 确定抽样件的位置，符合随机抽样要求（见附录随机数表，设抽样件的起始位置是第7行、第4列）。

③ 如进行一次四分法缩分，每单元样品采样量、总需采样量的计算。

④ 请简述采取该农肥时采样工具；采样操作、混合、分装的具体步骤，同时列出采样时的安全要求。

⑤ 请书写采样原始记录、填写准确规范的采样标签。

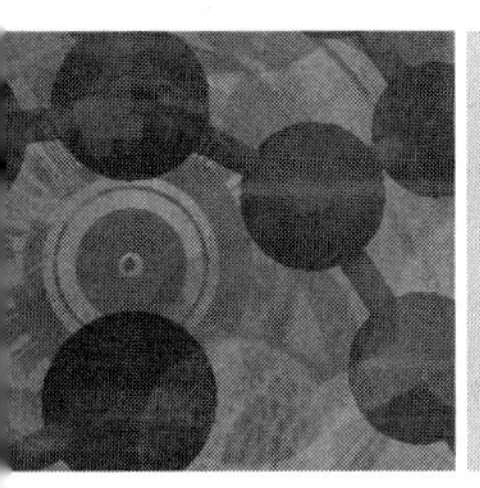

# 项目三 采集和处理液体样品

## 学习引导

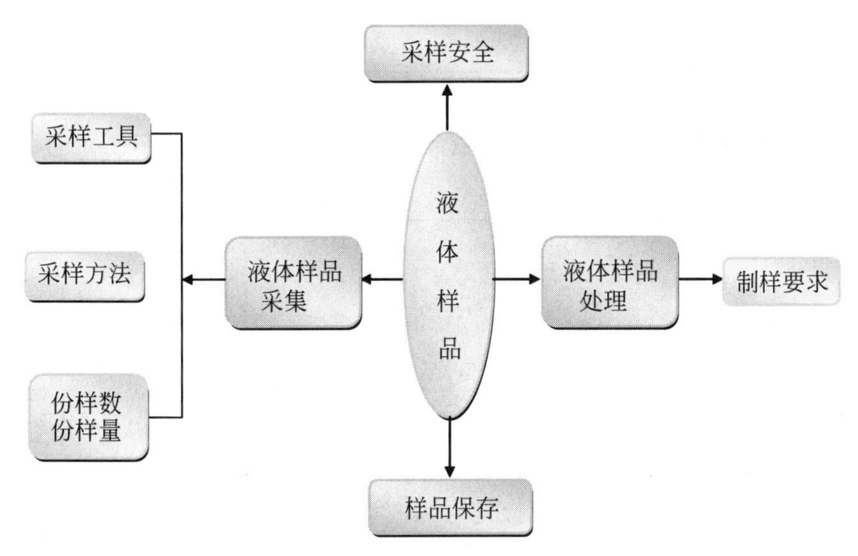


液体物料均具有流动性，化学组成分布均匀，故容易采集平均样品。液体物料种类繁多，状态各异，按常温下的状态可分为：①流动态液体、②稍加热即成为流动态的液体、③黏稠液体、④多相液体。

不同的液体物料尚有相对密度、挥发性、刺激性、腐蚀性等方面的特性差异，生产中的液体物料还有高温、常温及低温的区别，所以在采样时不仅要注意技术要求，还必须注意人身安全。

液体样品又可分为以下几种。

（1）部位样品　从物料的特定部位或在物料流的特定部位和时间采得的一定数量或大小的样品。它是代表瞬时或局部环境的一种样品。

（2）表面样品　在物料表面采得的样品，以获得关于此物料表面的资料。

（3）底部样品　在物料的最低点采得的样品，以获得关于此物料在该部位的资料。

(4) 上（中、下）部样品　在液面下相当于总体积1/6（中部一般为1/2，下部为5/6）的深处采得的一种部位样品。

(5) 全液位样品　从容器内全液位采得的样品。

(6) 平均样品　把采得的一组部位样品按一定比例混合成的样品。

(7) 混合样品　把容器中的物料混匀后随机采得的样品。

液体样品的类型分布见图3-1。

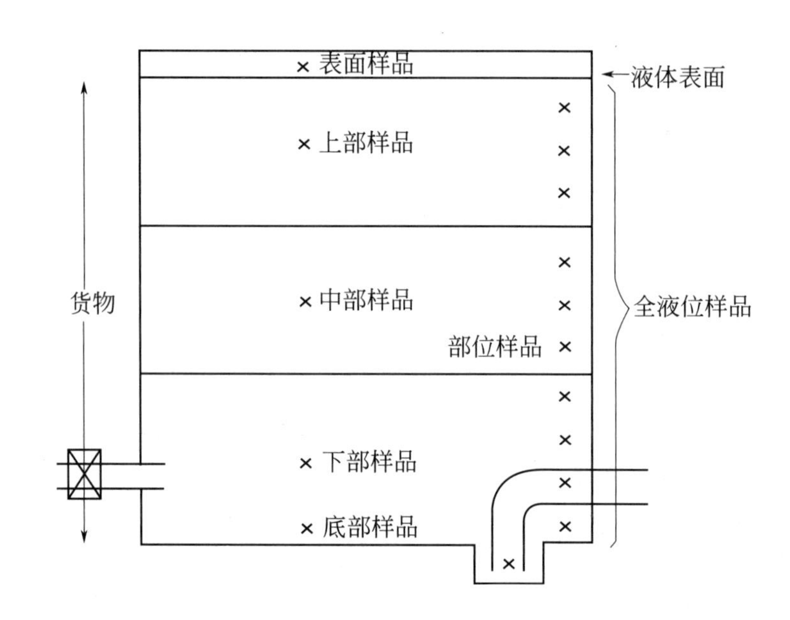


图3-1　液体样品的类型分布图

**安全提示**

采样操作人员必须熟悉被采液体化工产品的特性、安全操作的有关知识及处理方法，严格遵守GB/T 3723《工业用化学产品采样安全通则》的各项规定。在工作中，在对液体物料进行采样前必须进行预检，并根据检查结果制订采样方案。

预检内容包括：了解被采物料的容器大小、类型、数量、结构和附属设备情况；检查被采物料的容器是否受损、腐蚀、渗漏并核对标志；观察容器内物料的颜色、黏度是否正常，表面或底部是否有杂质、分层、沉淀、结块等现象；判断物料的类型和均匀性等。

# 知识一　液体样品的采集工具

## 知识目标

- 掌握液体样品采样工具的基本要求；
- 认识常用的液体采样工具。

## 能力目标

- 会根据不同的液体样品合理选择采样工具；
- 能正确使用常用的液体采样工具，注意采样安全。

## 素质目标

- 提高学生的安全防范和环保意识；
- 具有从事本专业工作的职业道德；
- 具备自我提高及终身学习的理念。

液体样品采样工具的基本要求：样品容器必须清洁、干燥、严密，采样设备必须清洁、干燥，不能用与被采取物料起化学作用的材料制造，采样过程中防止被采物料受到环境污染和变质。

在对液体物料进行采样时，应根据容器情况和物料的种类来选择采样工具。常见的采样工具有以下几种。

## 一、采样勺

一般用不与被采取物料发生化学作用的金属或塑料制成。

### 1. 表面样品采样勺

如图 3-2 所示，表面样品采样勺有很多样式。锯齿形表面样品采样勺边沿呈锯齿形，大小视样品量及能否进入容器而定，如图 3-3 所示，对于浅容器，把其放入被采容器中，使勺的锯齿上缘和液面保持同一水平，从锯齿间流入勺中的液体即为表面样品。圆筒形表面样品采样勺如图 3-4 所示。为了便于运输，也可以把勺把做成拨鞘式，如图 3-5 所示。在水池中采样时，应使用带垂直把的圆筒形表面样品采样勺。从流动的浅水中采样时，应使用半圆筒形采水勺，如图 3-6 所示。

图 3-2　表面样品采样勺

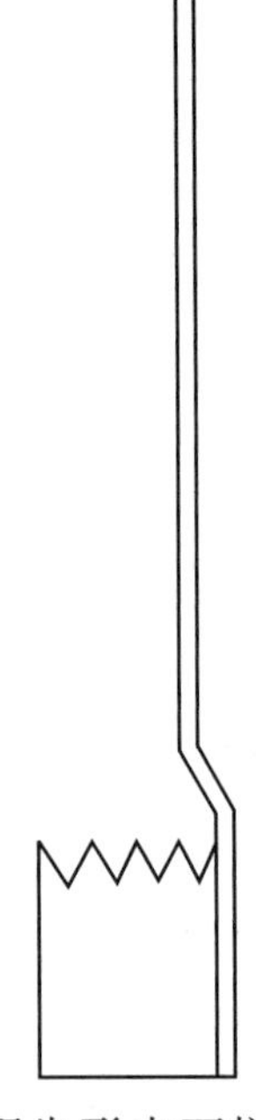

图 3-3　锯齿形表面样品采样勺

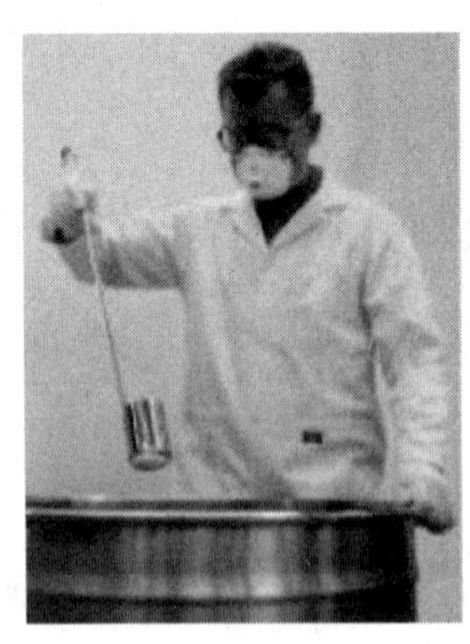
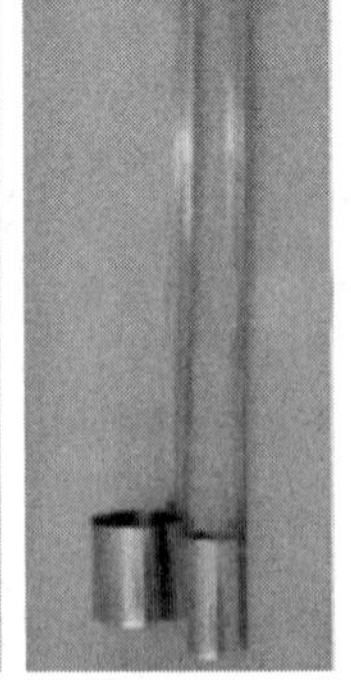

图 3-4　圆筒形表面样品采样勺

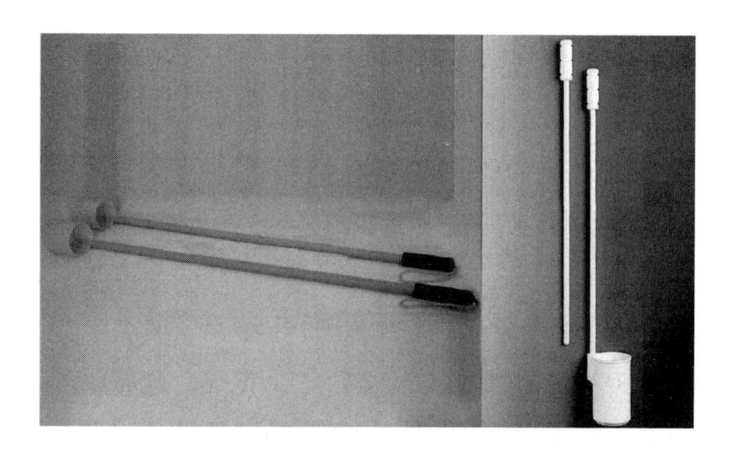
图 3-5　拨鞘式圆筒形表面样品采样勺

图 3-6　半圆筒形表面样品采样勺

**2. 混合样品采样勺和采样杯**

物料混匀后可用混合样品采样勺和采样杯随机采样，如图 3-7、图 3-8 所示。

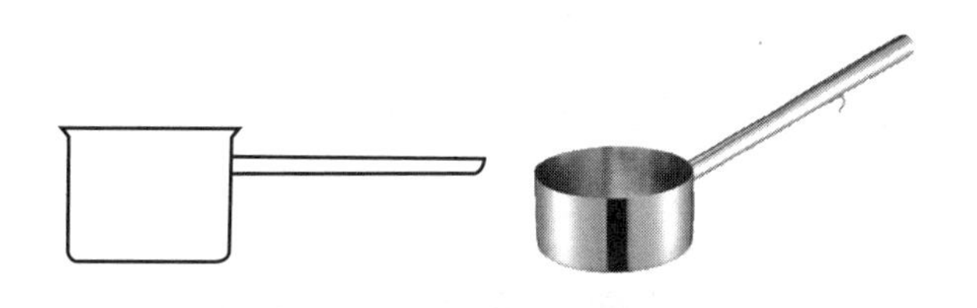
图 3-7　混合样品采样勺

图 3-8　采样杯

## 二、 采样管

采样管是一种由玻璃、金属或塑料制成的管子，能插入到桶、罐、槽车中所需要的液面上。它也可以用于从一个选择的液面上采取点样或采取底部样，也可以用于从液体的纵向截面采取具有代表性的样品。

如图 3-9 所示，金属制采样管下端呈锥形，内有能与锥形管内壁密合的金属重铊（图 3-10），用长绳或金属丝控制重铊的升降。采取全液层样品时，提起重铊，将采样管慢慢地插入物料中直至底部，放下重铊，使下端管口闭合，提出采样管，将下端管口对准样品瓶口，提起重铊，使液体注入样品瓶内，即为一个全液层子样。

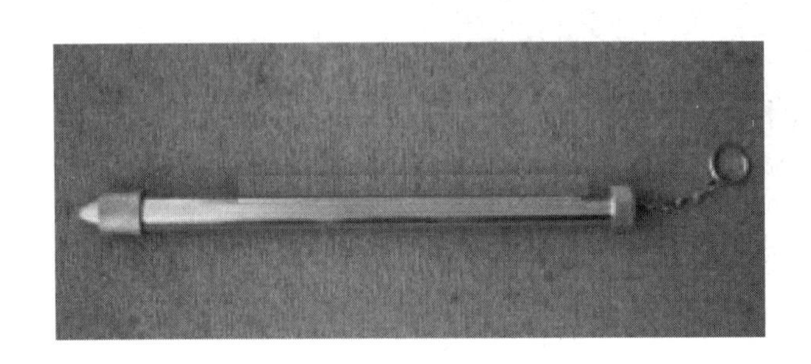

图 3-9　金属制采样管

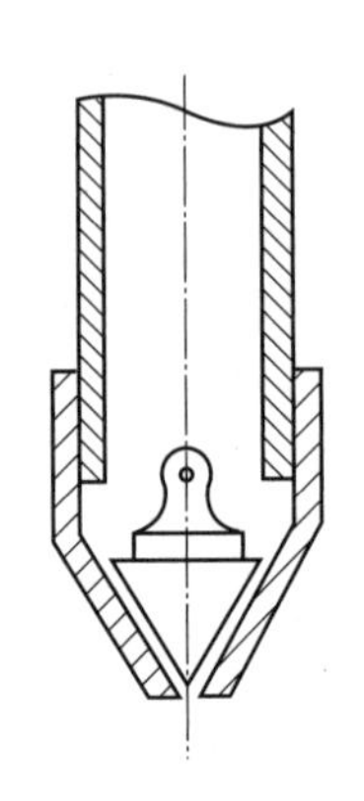

图 3-10　采样管局部构形

有时也用内径为 10～20mm 的厚壁长玻璃管作为采样管，如图 3-11 所示。采样时，将玻璃管下端缓慢地斜插入容器内直至底部，用拇指或塞子封闭上端管口，抽出玻璃管，将液体物料注入样品瓶中，即采得一个子样。

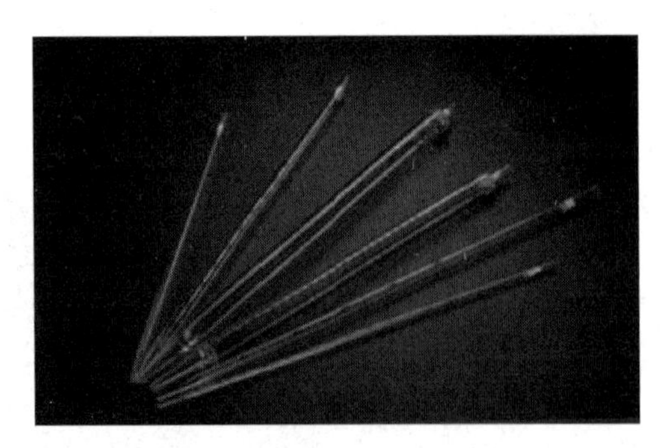

图 3-11　玻璃制采样管

对于桶装黏度较大的液体和黏稠液、多相液，也可采用不锈钢制双套筒采样管，如图 3-12 所示。对大多数桶装物料用管长 750mm 为宜，对其他容器可增长或缩短。管上端的口径收缩到拇指能按紧，一般为 6mm；下端的口径视被采物料黏度而定，黏度近似于丙酮和水的物料用口径 3mm，黏度较小的用 1.5mm，较大的用 5mm，如图 3-13 所示。

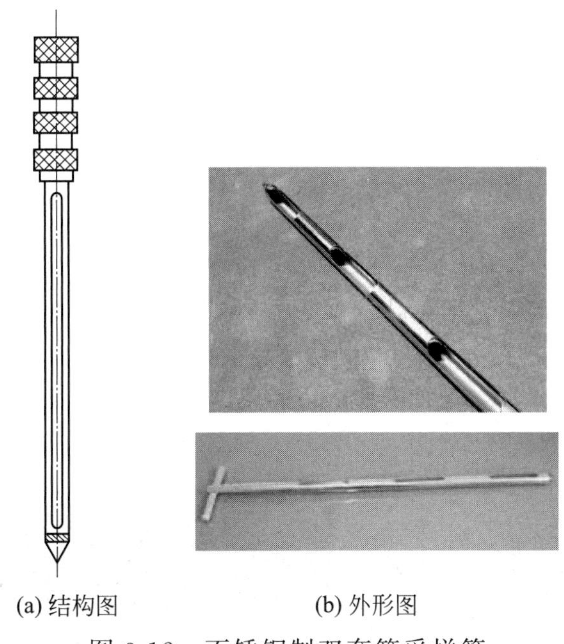

(a) 结构图　　(b) 外形图

图 3-12　不锈钢制双套筒采样管

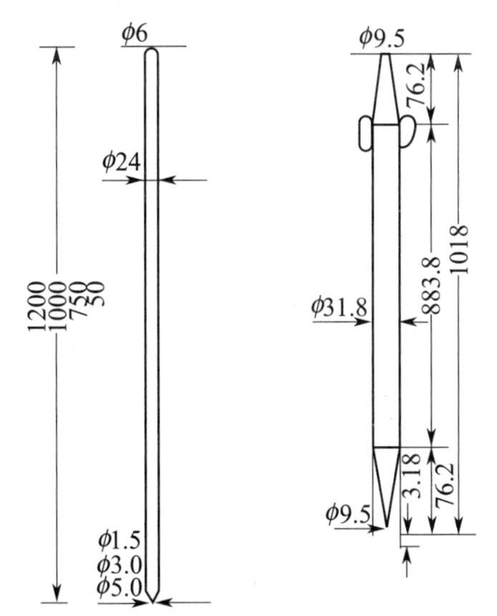


图 3-13　采样管尺寸（单位：mm）

## 三、采样瓶、罐

### 1. 玻璃采样瓶

一般为500mL具塞玻璃瓶，套一加重铅锤，如图3-14所示。

### 2. 采样笼罐

桶装液体样品的采集

把具塞玻璃瓶或具塞金属瓶放入加重金属笼中固定而成，如图3-15所示。金属笼除用来放置、固定、保护采样瓶外，还兼作重锤用，笼底附有铅块，以增加采样器的质量，使其能沉入液体物料的底层。笼架上有两根长绳或金属链，一根系在穿过框架上的小金属管同瓶塞相连的拉杆上，控制瓶塞的起落；另一根系住金属笼，控制金属笼的升降。

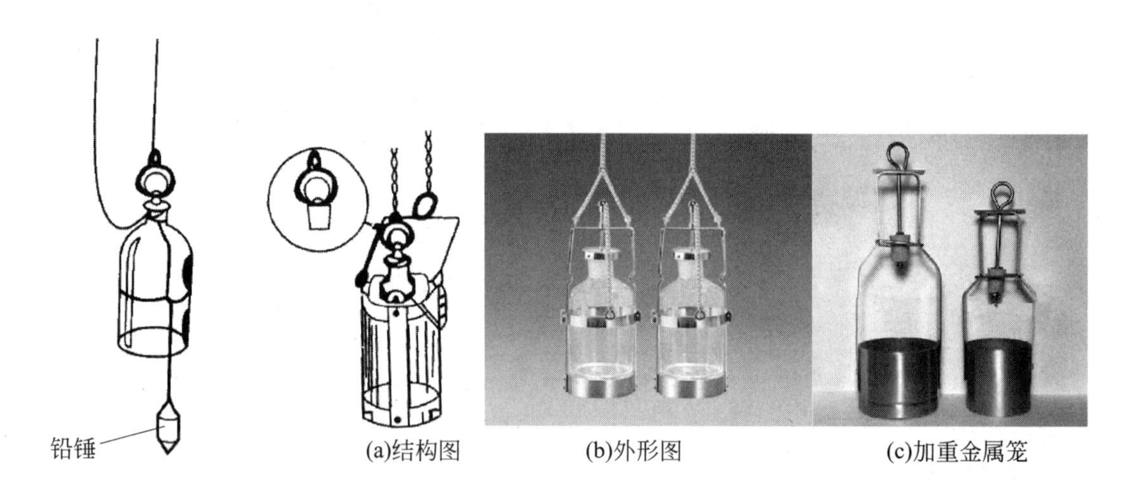


图3-14　玻璃采样瓶

图3-15　采样笼罐

液体采样瓶的工作原理

对于以上两种采样器，在一定深度的液层采样时，盖紧瓶塞，将采样器沉入液面以下的预定深度，深度可由系住金属笼或瓶口的长绳上所标注的刻度指示。稍用力向上提取牵着瓶塞的绳子，拔出瓶塞，液体物料即进入采样瓶内。待瓶内空气被驱尽后，即停止冒出气泡时，再放下瓶塞，将采样器提离液面即可。

采取全液层样品时，先向上提起瓶塞，再将采样器由液面匀速地沉入物料底部，若采样器刚沉到底部时，气泡停止冒出，说明放下长绳的速度适当，已均匀地采得全液层样品，放下瓶塞，提出采样器，即完成采样。

采样瓶、罐就是样品容器，液体样品不需要再转移到别的容器中，所以适合于采取严禁转移液体的样品，但不适合采取液样中气体成分测定用样品，也不适用于采取含有易被空气氧化的成分的样品。此外，这样的采样瓶、罐在液层很深、液压很大时不容易拔出塞子，故不宜采取很深的液体物料。

**3. 金属制采样瓶**

通常为不锈钢制采样瓶，体积 500mL，适用于贮罐、槽车和船舶采样，如图 3-16 所示。这是一个直径均匀的管状装置，配有上部和下部隔离翼阀或瓣阀。向上运动时，可以从罐中任一所选液面收集正确的和相对的未经扰动的试样。但是所选择的液面不能低于罐底上方 12mm。

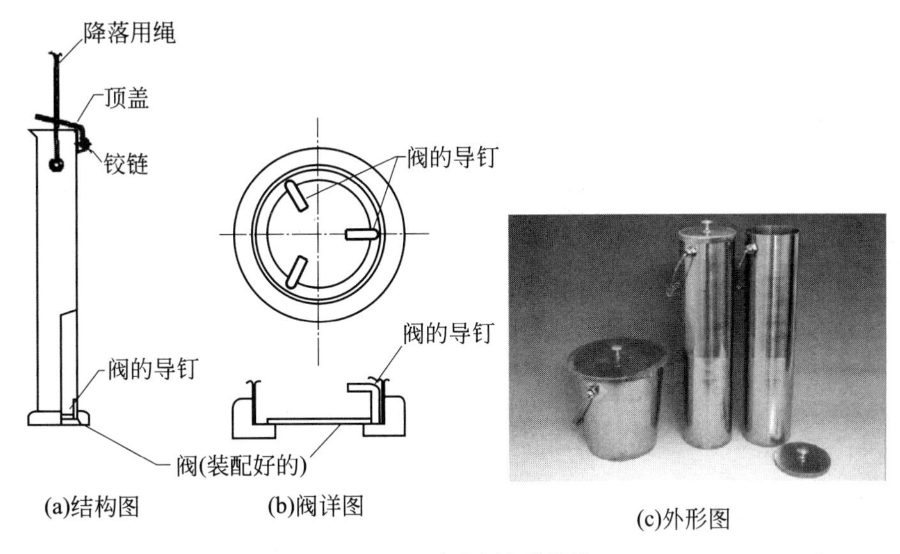


图 3-16　金属制采样瓶

**4. 加重型采样器**

对于相对密度较大的液体化工品如浓硫酸等，宜采用加重型采样器。加重型采样器应有适当的容量（一般为 500mL）和在被采集的液体化工品中迅速下沉的重量，如图 3-17 所示。

**5. 底阀型采样器**

适用于贮罐、槽车、船舱底部采样，如图 3-18 所示。当底阀型采样器与罐底接触时，它的阀或塞子就被打开，当其离开罐底时，它的阀或塞子就被关闭。

**6. 液态石油产品采样器**

液态石油产品采样器如图 3-19 所示。它是由金属圆筒、固定在轴上能沿轴翻转 90°的盖及盖上的挂钩构成的。挂钩上装有链条，用以升降采样器及控制盖的开闭。盖上还有一个套环，用以固定钢卷尺。

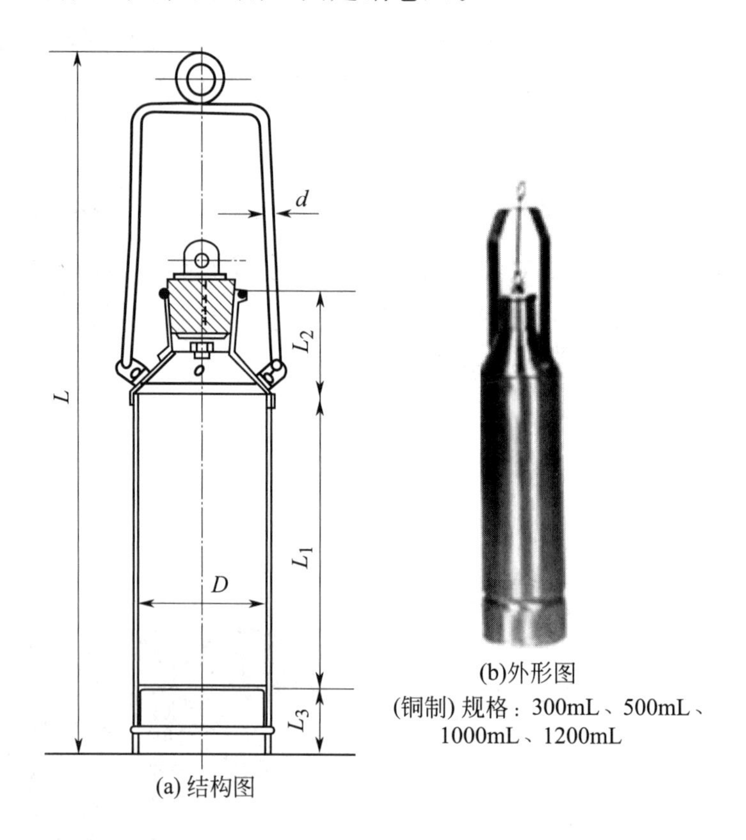

(a) 结构图

(b)外形图
(铜制) 规格：300mL、500mL、1000mL、1200mL

图 3-17　加重型采样器

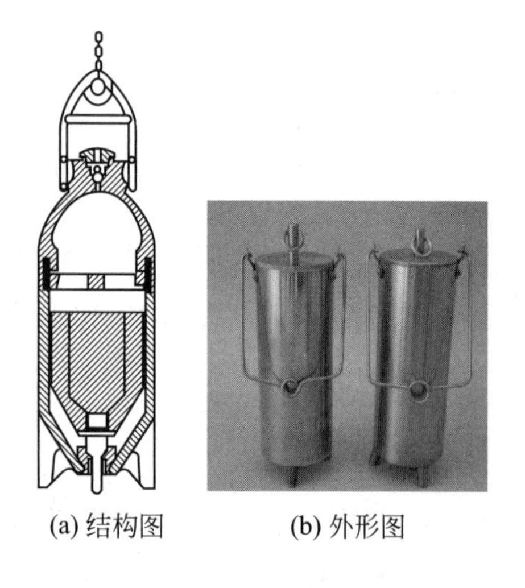
(a) 结构图　　(b) 外形图

图 3-18　底阀型采样器

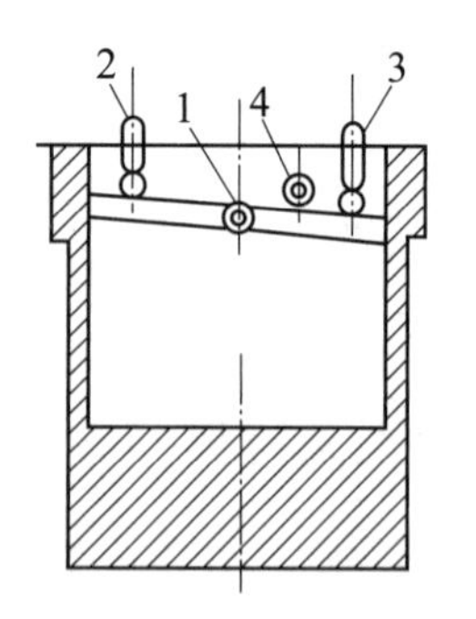


图 3-19　液态石油产品采样器

1—轴；2，3—挂钩；4—套环

采样时，装好钢卷尺，放松挂钩 2 上的链条，用挂钩 3 上的链条将采样器缓缓沉入物料贮存容器中，并在钢卷尺上观测沉入的深度。待采样器到达指定深度时，放松挂钩3链条，拉紧挂钩2链条，使盖子打开，样品进入采样器内，与此同时，液面有气泡冒出。当液面停止冒气泡时，表明采样器已装满样液，放松挂钩2链条，使塞子关闭，用挂钩3链条提出采样器，将采得的一个子样倾入样品瓶中，即完成采样。

## 四、 管线取样设备

管线取样设备是一个伸到管线内的管线取样器，其试样入口中心点应在不小于管线内径的1/3处，如图3-20所示。

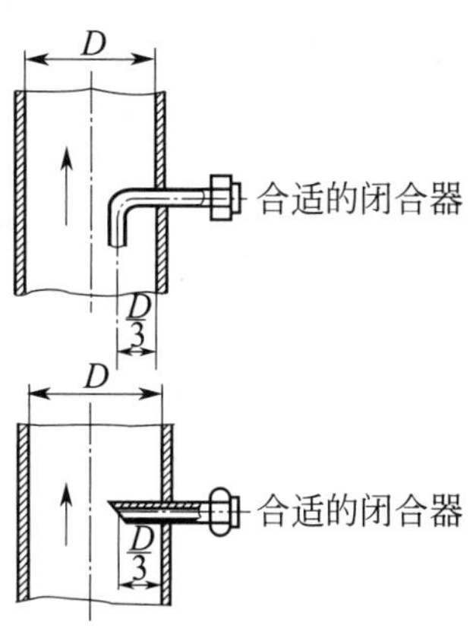


图3-20 管线取样设备

取样点应位于湍流范围内，湍流常在管线的冲洗段或在泵的输出侧。如果没有冲洗段的话，取样器应水平安装在管线的垂直段，且靠近泵出口。取样线路应尽可能短。建议取样点应距离任何组分的最后注入点的下游约25倍于管线直径处，以保证所有组分能充分地混合。为了保证混合均匀和消除分层，可在朝向取样器开口的方向安装钻有小孔的板、一系列的挡板或缩小管径。也可以把这些方法结合起来应用。

可以提供一种合适的设备，用预定的或自动的方法进行自动取样。

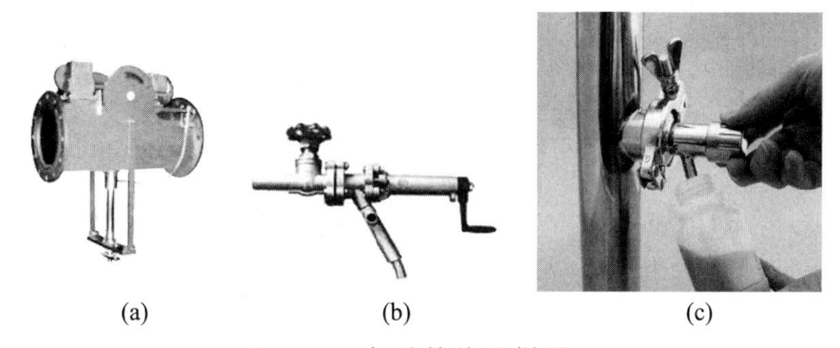

(a) (b) (c)

图3-21 各种管线取样器

**知识链接**

### 便携式自动取样泵

便携式自动取样泵野外取样专用，可用于环境监测、水质取样、污水处理、液体取样，采样深度可达10m，已在国内很多环境监测站推广应用，得到一致好评。其便于对深水分层采样，特别适合难以接近的排污口远距离采样。

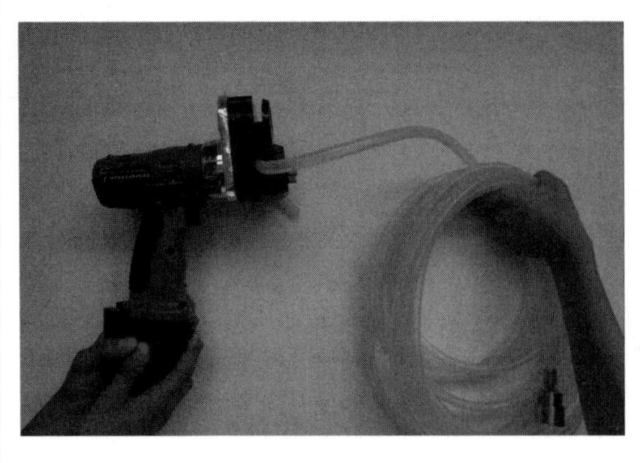

优点如下：

① 高洁净无污染：在运行过程中，只有软管接触液体，从而避免了流体与泵之间的相互污染，方便清洗，更换软管只需几秒钟。

② 高精度：分装与重现精度可达到0.5%～1%。

泵式取样器工作原理

③ 低维护：快速插接，无阀门和密封件，软管是唯一易损件，是一种有着独特性能的产品。

④ 高效低能耗：有自吸、可干运转、单向阀能力。

## 讨论与交流

1. 液体样品的特点是什么？
2. 液体样品的采样工具有什么基本要求？
3. 液体样品的采样工具有哪些？分别适用于什么情况？

# 知识二　液体样品的采集方法

## 知识目标

- 知道液体样品的种类及其特点；
- 掌握液体样品采样的一般流程。

## 能力目标

- 能根据不同工作场景，选择液体样品的采集方法；
- 学会不同种类液体样品的基本采样操作，做到相应的安全注意事项。

## 素质目标

- 具有从事本专业工作的职业道德；
- 具有诚信严谨和吃苦耐劳的品质；
- 提高学生的安全防范和环保意识；
- 具备自我提高及终身学习的理念。

液体化工产品的采样可根据其常温下的物理状态分为四大类来进行：常温下为流动态的液体、稍加热即成为流动态的化工产品、黏稠液体和多相液体。

在采样过程中，确定采样单元后，根据具体的情况确定采取的子样数目和子样质量，然后按照有关规定进行采样。

不同种类和工作场景下的液体样品的采集方法如下。

## 一、常温下为流动态的液体

在常温下易于流动的单相均匀液体，要验证其均匀性还需从容器的各个部位采样进行检验。为了保证所采得的样品具有代表性，必须采取一些具体措施，而这些措施取决于被采物料的种类、包装、贮运工具及运用的采样方法。

### 1. 件装容器采样

（1）小瓶装产品（25～500mL） 对于小瓶装产品，如小瓶装矿泉水和隐形眼镜护理液（图 3-22），按采样方案随机采得若干瓶产品，各瓶摇匀后分别倒出等量液体混合均匀作为样品。也可分别测得各瓶物料的某特性值以考查物料特性值的变异性和均值。

图 3-22 小瓶装矿泉水和隐形眼镜护理液

（2）大瓶装产品（1～10L，如图 3-23 所示）和小桶装产品（约 20L，如图 3-23 所示） 被采样的瓶或桶人工搅拌或摇匀后，用适当的采样管采得混合样品。

图 3-23 小桶装饮用水和 10L 装防冻液

图 3-24 大桶装冷冻机油

（3）大桶装产品（如图 3-24 所示） 在静止的情况下用开口采样管采全液位样品或采部位样品混合成平均样品。在滚动或搅拌均匀后，用适当的采样管采得混合样品。如需知表面或底部情况，可分别采得表面样品或底部样品。

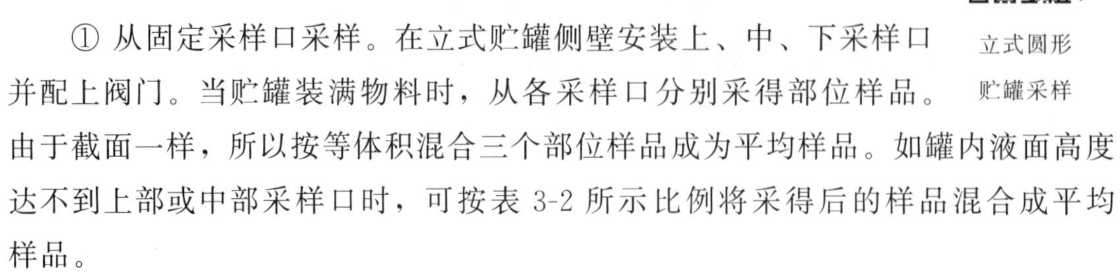

立式圆形贮罐采样

**2. 贮罐采样**

（1）立式圆柱形贮罐（图 3-25、图 3-26）采样

① 从固定采样口采样。在立式贮罐侧壁安装上、中、下采样口并配上阀门。当贮罐装满物料时，从各采样口分别采得部位样品。由于截面一样，所以按等体积混合三个部位样品成为平均样品。如罐内液面高度达不到上部或中部采样口时，可按表 3-2 所示比例将采得后的样品混合成平均样品。

表 3-2　立式圆柱形贮罐的采样部位和比例

| 采样时液面情况 | 混合样品时相应的比例 | | |
|---|---|---|---|
| | 上 | 中 | 下 |
| 满罐时 | 1/3 | 1/3 | 1/3 |
| 液面未达到上采样口，但更接近上采样口 | 0 | 2/3 | 1/3 |
| 液面未达到上采样口，但更接近中采样口 | 0 | 1/2 | 1/2 |
| 液面低于中部采样口 | 0 | 0 | 1 |

如贮罐无采样口而只有一个排料口，则先把物料混匀，再从排料口采样。

② 从顶部进口采样。把采样瓶或采样罐从顶部进口放入，降到所需位置，分别采上、中、下部位样品，等体积混合成平均样品或采全液位样品。也可用长金属采样管采部位样品或全液位样品。

图 3-25　立式圆柱形贮罐

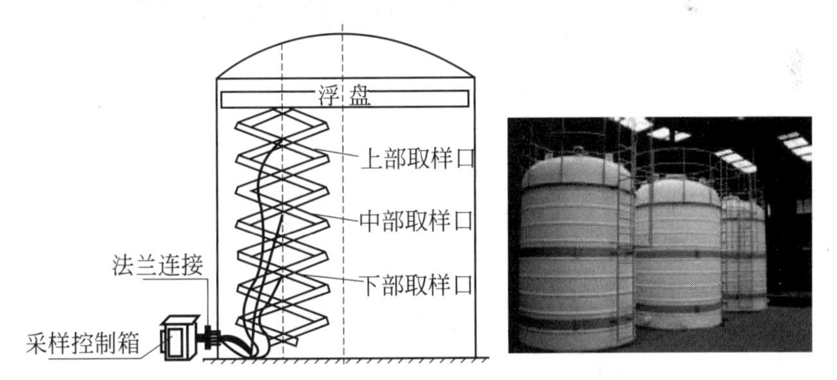


图 3-26　装有上、中、下采样口的立式圆柱形贮罐（连接有自动采样器）

（2）卧式圆柱形贮罐（图 3-27）采样　在卧式贮罐一端安装上、中、下采样管，外口配阀门。采样管伸进罐内一定深度，管壁上钻直径 2～3mm 的均匀小孔。当罐装满物料时，从各采样口采上、中、下部位样品并按一定比例混合成平均样品。当罐内液面低于满罐时的液面，建议根据表 3-3 所示的液体深度用采样瓶、罐、金属采样管等从顶部进口放入，降到表 3-3 规定的采样液面位置采得上、中、下部位样品，按表3-3所示比例混合成为平均样品。

**表3-3 卧式圆柱形贮罐的采样部位和比例**

| 液体深度（即直径的百分数）/% | 采样液位（距底直径的百分数）/% | | | 混合样品时相应的比例 | | |
|---|---|---|---|---|---|---|
| | 上 | 中 | 下 | 上 | 中 | 下 |
| 100 | 80 | 50 | 20 | 3 | 4 | 3 |
| 90 | 75 | 50 | 20 | 3 | 4 | 3 |
| 80 | 70 | 50 | 20 | 2 | 5 | 3 |
| 70 | | 50 | 20 | | 6 | 4 |
| 60 | | 50 | 20 | | 5 | 5 |
| 50 | | 40 | 20 | | 4 | 6 |
| 40 | | | 20 | | | 10 |
| 30 | | | 15 | | | 10 |
| 20 | | | 10 | | | 10 |
| 10 | | | 5 | | | 10 |

当贮罐没有安装上、中、下采样管时，也可以从顶部进口采得全液位样品。

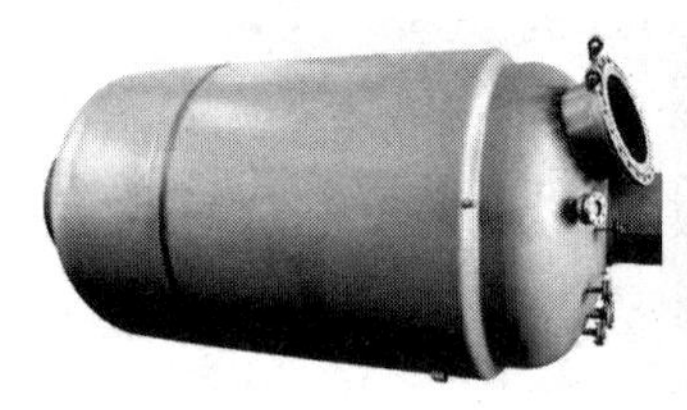

图3-27 卧式圆柱形贮罐

## 安全提示

贮罐采样要防止静电危险，罐顶部要安装牢固的平台和梯子。

装有平台和梯子的贮罐

### 3. 槽车和船舱采样

(1) 槽车采样　槽车采样，如火车和汽车槽车（图 3-28），有以下两种采样方式。

① 从排料口采样。在顶部无法采样而物料又较为均匀时，可用采样瓶在槽车的排料口采样。

② 从顶部进口采样。用采样瓶、罐或金属采样管从顶部进口放入槽车内，放到所需位置采上、中、下部位样品并按一定比例混合成平均样品。由于槽车罐是卧式圆柱形或椭圆柱形，所以采样位置和混合比例按表 3-3 所示进行，也可采全液位样品。

图 3-28　火车和汽车槽车

(2) 船舱采样　船舱采样（图 3-29），可把采样瓶放入船舱内降到所需位置采上、中、下部位样品，以等体积混合成平均样品。对装载相同产品的整船货物采样时，可把每个舱采得的样品混合成平均样品。当舱内物料比较均匀时，可采一个混合样或全液位样作为该舱的代表性样品。

图 3-29　海关关员实施进口原油查验取样

**安全提示**

以上采样都要防静电危险，用铜制采样设备或让被采样容器接地释放静电后采样。

**4. 从输送管道（图 3-30）采样**

（1）从管道出口端采样　周期性地在管道出口端放置一个样品容器，容器上放只漏斗以防外溢。采样时间间隔和流速成反比，混合体积和流速成正比。

图 3-30　输送管道

（2）探头采样　如管道直径较大，可在管内装一个合适的采样探头（图 3-31）。探头应尽量减小分层效应和被采液体中较重组分的下沉。

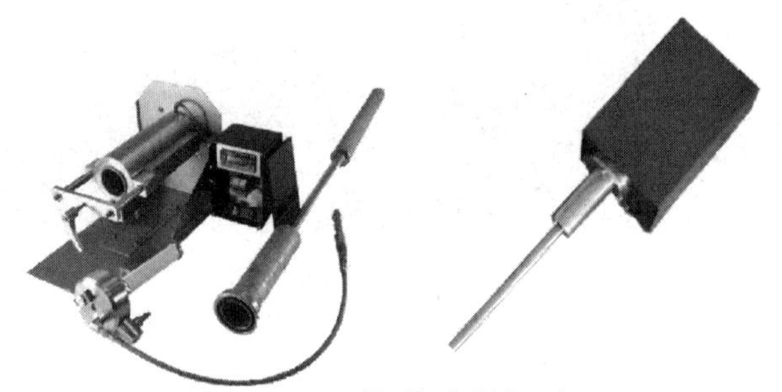

图 3-31　管道采样探头

（3）自动管线采样器采样　当管线内流速变化大，难以用人工调整探头流速接近管线内速度时，可采用自动管线采样器采样，如图 3-32 所示。

(a)

(b)

(c)

图 3-32　自动管线采样器采样

（4）管道采样分为与流量成比例的试样和与时间成比例的试样

① 当流速变化大于平均流速10%时，按流量比采样，如表3-4所示；

② 当流速较平稳时，按时间比采样，如表3-5所示。

**表3-4 与流量成比例的采样规定**

| 输送数量/$m^3$ | 采样规定 |
|---|---|
| <1000 | 在输送开始和结束时各一次 |
| 1000～10000 | 开始一次，以后每隔1000$m^3$一次 |
| >10000 | 开始一次，以后每隔2000$m^3$一次 |

**表3-5 与时间成比例的采样规定**

| 输送时间/h | 采样规定 |
|---|---|
| <1 | 在输送开始和结束时各一次 |
| 1～2 | 在输送开始、中间、结束时各一次 |
| 2～24 | 在输送开始时一次，以后每隔1h一次 |
| >24 | 在输送开始时一次，以后每隔2h一次 |

**知识链接**

### 常见水样的采取

① 从自来水或有抽水设备的井水中采样。采样时先将水龙头或泵打开，让水流出数分钟，使积留在水管中的杂质冲洗掉后用干净的瓶子收集水样。

水样采集

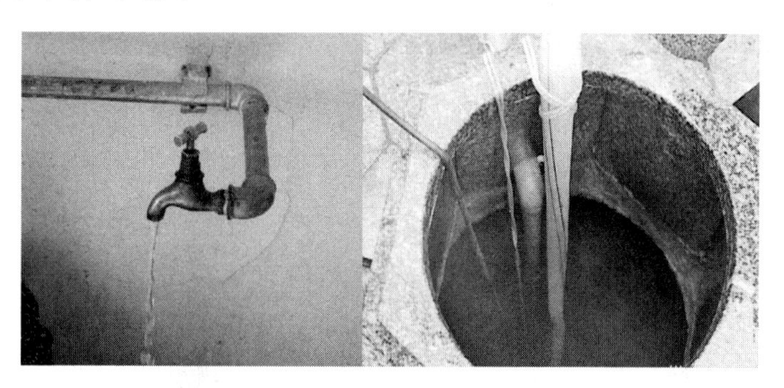

自来水和有抽水设备的井水

② 从井水、泉水中采样。采样时，将简易采样器沉入水面以下0.5～1m深处，提起瓶塞，使水样流入采样瓶中，放下瓶塞，提出采样器即可。对于自喷的泉水，可在涌水口处直接采样，对于不是自喷的泉水，必须使抽水管内的水全部被新水更替后，再在涌水口处进行采样。

泉水　　　　　　　　河水和湖水

③ 从河水、湖水中采样。在河水中采样时，应选择河水汇合之前的主流、支流及汇合之后的主流作为采样地点。在河流上游采样时，应选择河面窄、流速大、水体混合均匀、容易采样的部位作为采样点；对于河面宽的中等河流，应选择河流横断面上流速最大的部位作为采样点；对于宽度在几十米以上的河流，除了在河流中心部位设点采样外，还要在河流的两岸增设采样点，以保证水质的均匀性。常用采样勺和简易采样器采取水样。

地表水采样工具及使用

河水和湖水采样

在湖泊中采样时，把具有代表性的湖心部位及河流进口处作为采样地点，用简易采样器在不同的深度取样。为了弄清各种成分的分布情况，应增设采样点。

湖泊水文科学考察

西部地区典型湖库生态的野外采样工作

从河水、湖水中采样时，应根据测定的目的和欲测水的性质选择适当的采样方法。对于采样后在短时间内易发生变化的成分，必须在现场测定，或者进行适当处理后再带回分析室。采样地点、位置、日期、时间和次数的确定除了和测定目的有关外，原则上必须考虑水质的变化、采样点水质的均一性以及采样的难易程度。

④ 生活污水的采样。生活污水的成分复杂，变化很大，为使水样具有代表性，必须分多次采取后加以混合。一般是每1h采取一个子样，将24h内收集的水样混合作为代表性样品。采样后，瓶子要立刻贴好标签并涂上石蜡，尽快送往实验室分析。测定溶解氧、生物需氧量、余氯、硫化氢等项目，须于采样后立刻进行。如遇特殊情况不能立即分析时，必须采用适当的方法保存好。

褐色的生活污水

生活污水处理设备

⑤ 工业废水的采样。工业废水的采样地点分别为车间、工段以及工厂废水总排出口、废水处理设施的排出口等。工业废水中有害物质的种类很多，若是连续地排放废水，则废水中有害物质的含量变化较小，可在8h内每隔0.5～1h采取一个子样，再混合成一个总样。如果有害物质的含量变化较大，应缩短间隔时间、增加子样数目。如果是间歇地排放废水，则应在排放时采样。排放废水的流量均匀时，各子样的采取量应均匀。若排放废水的流量变化较大，子样的采取量应相应地增减。在废水排出口采样时，一般可用取样瓶或采样勺直接采取。

造纸厂未经治理的工业污水

工业废水处理工程

环保人员在工业区收集污水抽验

⑥ 自然降水的采样。降水样品通常要选点采集，50 万以下人口的城市设 2 个点，50 万以上人口的城市设 3 个点。采样点的布设应兼顾到城区、乡村或清洁对照点。采样点的设置应考虑区域的环境特点，尽量避开排放酸、碱物质和粉尘的局部污染源，应注意避开主要街道交通污染源的影响。采样点周围应无遮挡雨的高大树木或建筑物。采取雨水水样时可使用自动采样器，也可用聚乙烯塑料小桶。

每次降雨开始，立即将备用的采样工具放置在预定的采样点支架上。每次降雨取全过程雨样。若遇连续几天降雨，24h 算一次降雨。存放降水的容器以白色的聚乙烯瓶为好，不能用带颜色的塑料瓶，也不能用玻璃瓶来装，以免在存放过程中因玻璃瓶中的钾、钠、钙、镁等杂质的溶出而污染样品。

降水降尘自动采样器

PC-2Y 自动雨量监测站

## 二、稍加热即成为流动态的化工产品

一些化工产品在常温下为固体，受热时就易变成流动的液体而不改变其化学性质。

对于这类化工产品的采样，建议在工厂的交货容器灌装后立即采取液体样品。当无法立即采样时，则在交货容器中采样。

### 1. 在工厂采样

在工厂的交货容器灌装后立即用采样勺采样，倒入不锈钢盘或不与物料起反应的器皿中，冷却后敲碎装入样品瓶中，也可把采得的液体趁热装入样品瓶中。

### 2. 在交货容器中采样

把交货容器放入热熔机（图 3-33）内，待容器内的物料全部液化后，用开口采样管插入搅拌，然后采混合样或用采样管采全液位样。

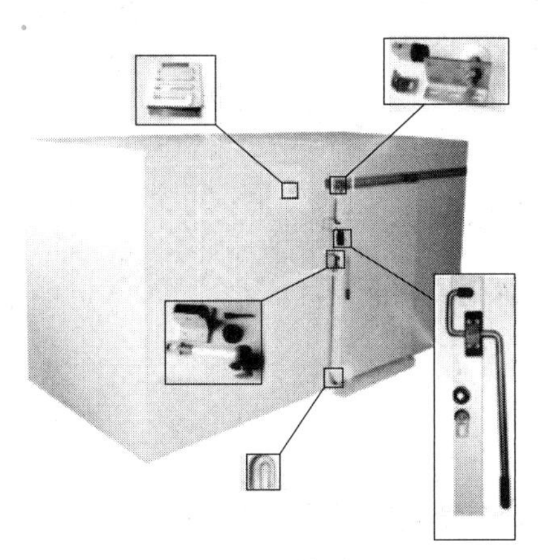

图 3-33　热熔机

**安全提示**

对于稍加热即成为流动态的液体，采样设备及注意事项：

① 采样设备应是耐热材料制成的，且不与物料发生化学反应。

② 采样器应慢慢放入热液体中，在其中停留一下使其达到温度平衡后采样。

③ 在加热交货容器时注意排气，防止容器破漏。

④ 在采热液体时，防止溅出引起烧伤。

## 三、黏稠液体

黏稠液体（图 3-34）在容器中采样难以混匀，建议在生产厂的交货容器灌装过程中采样。当必须从交货容器中采样时，应按有关标准中规定的采样方法或按协议方商定的采样方法进行。

### 1. 在生产厂的最终容器中采样

如果产品外观上均匀，则用采样管、勺或其他适宜的采样器从容器的各个部位采样。

图 3-34　黏稠液体

### 2. 在生产厂的产品装桶时采样

在产品分装到交货容器的过程中，以有规律的时间间隔从放料口采得相同数量的样品，再混合成平均样品。

### 3. 在交货容器中采样

这类产品通常是以大口容器交货。采样前先检查所有容器的状况，然后根据供货数量确定并随机选取适当数量的容器供采样用。打开每个选定的容器，除去保护性包装后检查产品的均一性及相分离情况。产品呈均匀状态或通过搅拌能达到均匀状态时，用金属采样管或其他合适的采样器从容器内的不同部位采得部位样品，混合成平均样品。

**安全提示**

对于黏稠液体，采样设备及注意事项：

① 采样器及样品容器应当选用不使样品变质、对物料不造成污染的材料制成。

② 采样器的形状应考虑到使用和清洗的方便。如无棱角，无槽沟，无不能接触和不能直接观察的部位。

③ 样品从采样器中倒出之前应有足够的时间让外挂液体流净，也可以用其他强制设施刮净外部液体。

## 四、多相液体

多相液体指含有可分离液相或固相的液体，如乳液、悬浮液、浆状液等和一种或两种液相与一种或多种固相所组成的化工产品。

(a) 牛奶

(b) 护肤品

(c) 防水涂料

(d) 丙烯酸乳液

(e) 色漆

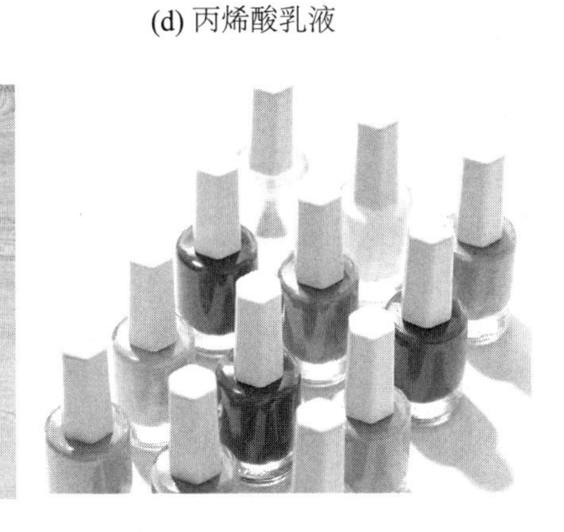

(f) 指甲油

图 3-35　多相液体

**1. 均匀悬浮液**

可以按常温下为流动态的液体采样程序进行采样。如果产品中有可分离相，可能呈现悬浮状态，也可能迅速沉降形成沉淀层，属于正常情况。如果不能使这种沉淀重新悬浮就不可能按正常的液体进行采样。

**2. 多相液体**

多相液体的采样可以按常温下为流动态的液体进行。但需先根据其特性按图3-36进行预检。

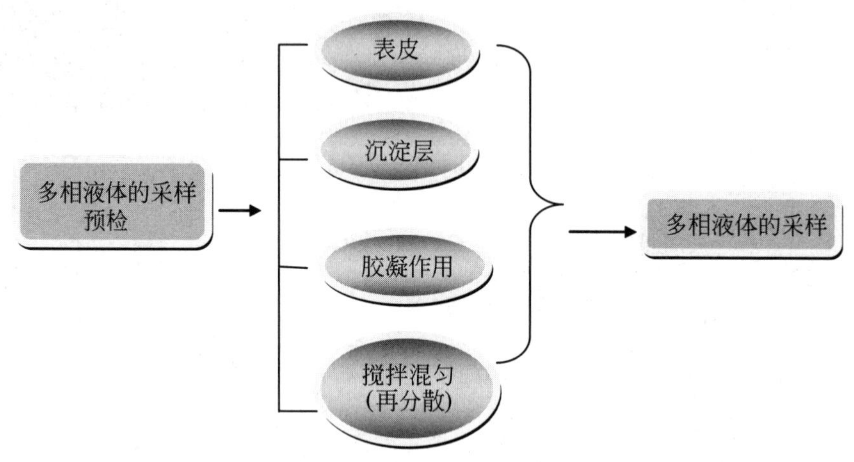


图 3-36　多相液体的预检

① 表皮。产品制成后经过一段时间贮存，可能形成表皮。采样前应先检查表面情况，记录表皮的厚度和性质，在搅拌之前先除去表皮。必要时过筛。

② 沉淀层。在搅拌及采样之前应先探查沉淀层，记录沉淀的程度和沉淀层的性质。如软、硬、干硬、不易再分散，应提出可疑报告。

③ 胶凝作用。如果发现产品成为不可逆性凝胶，不得进行采样操作。不可以将胶凝作用和产品的触变性相混淆。

④ 搅拌混匀（再分散）。产品采样前应混匀，这类产品通常以不超过20L的容器供货，如果物料在大贮槽中，则贮槽经常装有机械混合设备或其他混合工具。

采样前需用一个机械搅拌器或尺寸适宜的刮铲搅拌，使沉淀再分散，并记录再分散的难易程度及确认已经完全混合均匀所需要的时间。

对于较小的容器或产生严重沉淀的产品也可以将上层液体全部倒入一个清洁的容器内，破碎沉淀的固体，搅成均匀的糊状物，再将液体倒回慢慢搅匀。回注时应连续地用小流量缓缓注入。

在采代表性样品时必须在采样操作的全过程中连续不断地搅拌。在固相物质的沉降速度快时最好使用机械搅拌。如果不可能连续搅拌，应在停止搅拌后当液体还处于运动状态时快速采样。

安全提示

对于多相液体，采样设备及注意事项：

① 为了适应快速采样的要求，采样瓶、罐的进口部分不应狭窄。

② 为了防止所采样品的固相物质减少而影响到样品液固比例，必须选用能关闭的采样器，确保在采样操作完毕时采样器能一直保持密闭状态。

讨论与交流

① 液体化工产品的采样可根据其常温下的物理状态分为哪些大类来进行？

② 从大瓶装容器中如何采集液体样品？

③ 怎样对立式圆柱形贮罐中的液体物料进行采样？

④ 如何从输送管道采样？

⑤ 在交货容器中怎样采集稍加热即成为液态的化工产品？

⑥ 如何在交货容器中采集黏稠液体？

⑦ 什么是多相液体？

# 知识三　液体样品的处理和保存

知识目标

- 认识液体样品处理和保存的重要性；
- 掌握液体样品的处理和保存的要求。

能力目标

- 能根据样品类型，选择相应的处理方法；
- 会合理处理和贮存液体样品，做好相应的防护措施。

素质目标

- 具有从事本专业工作的职业道德；
- 具有诚信严谨和吃苦耐劳的品质；
- 提高学生的安全防范和环保意识。

## 一、 样品的处理

### 1. 样品的代表性

如被采容器内的物料已混合均匀，采取混合样品作为代表性样品。如被采容器内的物料未混合均匀，可采部位样品按一定比例混合成平均样品作为代表性样品。

### 2. 样品的缩分

一般原始样品量大于实验室样品需要量，因而必须把原始样品量缩分成2～3份小样。1份送实验室检测，1份保留，在必要时封送1份给买方。

### 3. 样品标签和采样报告

样品装入容器后必须立即贴上标签，在必要时写出采样报告随同样品一起提供。

## 二、 样品的贮存

① 对易挥发物质，样品容器必须有预留空间，需密封，并定期检查是否泄漏。

② 对光敏物质，样品应装入棕色玻璃瓶中并置于避光处。

③ 对温度敏感物质，样品应贮存在规定的温度之下。

④ 对易和周围环境物起作用的物质，应隔绝氧气、二氧化碳和水。

⑤ 对高纯物质，应防止受潮和灰尘侵入。

讨论与交流

① 液体样品的制备有什么要求？有哪些注意事项？

② 液体样品如何保存？

# 任务一　采集与制备乙醇（95%）流动态液体样品

## 任务目标

采集与制备乙醇（95%）流动态液体样品。

## 任务描述

某试剂厂成品仓库现有化学纯化学试剂乙醇（95%）产品的液体样品300瓶，批号20211012，生产日期2021-10-12，每瓶500mL，一次全分析需要样品量为250mL。

## 任务实施

### 一、最少抽样件数的确定

查表1-2，得总体物料的单元数为297～343，选取的最少单元数为21。

### 二、采样单元位置（根据随机数表标出）

根据查随机数表，采样单元位置分别是：297、128、134、246、60、203、146、117、3、230、192、142、260、155、226、216、196、239、138、132、279（共21个数）。（见附录随机数表，例：如起点是第6行、第5列，就找到随机数表中39，由于样品总数是300，三位数，因此以三位数为一例，起点数据是394，通常以列方向往下数，如有超过300的数，跳过，不足换成下一列，重复数据删掉。）

### 三、采样的数量

三次全分析需要样品量：

250×3=750(mL) ⟶约放大至800mL(因为分装过程有损耗，该数据可适当大一些。)

三次留样分析需要样品量：

$$250\times3=750(\text{mL})\longrightarrow 约放大至800\text{mL}$$

总取样量为1600mL，其中留样800mL，取样分析800mL。

每瓶取样量：1600÷21=76.2(mL) ⟶约放大至80mL(数据可适当大一些。)

每单元样品采样量是80mL，总需采样量为80×21=1680(mL)。（该数据是参考值，适当大一些也可以。）

## 四、采样操作及注意事项

1. 采样工具

采样管。

2. 采样操作

采样前，采样管、采样瓶必须干净、干燥。用采样管从采样单元瓶中吸取不少于80mL样品于干燥清洁的2500mL试剂瓶中（能密封），按采样单元位置采样，直至21瓶采样单元采样完毕，将采取的样品混匀，分装于两个干燥清洁的1000mL试剂瓶中，密封保存，贴上标签，一瓶送检验，另一瓶留样。若有剩余的样品归还指定点，不许乱扔。

3. 采样安全

密闭操作，全面通风。操作人员必须经过专门的培训，严格遵守操作规程。建议操作人员佩戴过滤式防毒面具（半面罩），穿防静电工作服。远离火种、热源，工作场所严禁吸烟。使用防爆型的通风系统和设备，防止蒸气泄漏到工作场所，避免与氧化剂、酸类、碱金属、胺类接触。灌装时应控制流速，且有接地装置，防止静电积聚。应配备相应品种和数量的消防器材及泄漏应急处理设备。

## 五、采样标签和采样原始记录

1. 采样标签

| 样品名称 | 乙醇(95%) |
|---|---|
| 生产企业名称 | ××试剂厂 |
| 样品规格(或型号、等级) | 化学纯 |
| 样品批量 | 300瓶,每瓶500mL |
| 样品批号 | 20211012 |
| 生产日期 | 2021年10月12日 |
| 采样日期 | 2021年10月15日 |
| 采样者姓名 | ×× |

2. 采样原始记录

| 样品名称 | 乙醇(95%) |
|---|---|
| 生产企业名称 | ××试剂厂 |
| 样品规格(或型号、等级) | 化学纯 |
| 样品批量 | 300瓶,每瓶500mL |
| 样品批号 | 20211012 |
| 生产日期 | 2021年10月12日 |
| 采样单元数 | 21瓶 |

续表

| 采样工具 | 采样管 |
|---|---|
| 采样地点 | 成品仓库 |
| 采样气候(温度等) | 晴(或雨,湿度),××℃ |
| 采样情况记录 | 正常(或有破损、沉淀等现象记录) |
| 采样日期 | 2021年10月15日 |
| 采样者姓名 | ×× |

## 任务检查

### 小组讨论

某试剂厂成品仓库现有分析纯化学试剂盐酸液体样品580瓶，批号20220108，生产日期2022-01-08，每瓶500mL，一次全分析需要量为200mL。

① 最少抽样单元件数的计算。

② 确定抽样件的位置，符合随机抽样要求（见附录随机数表，设抽样件的起始位置是第4行、第6列）。

③ 每单元样品采样量，总需采样量的计算。

④ 请简述采取该样品时的采样工具；采样操作、混合、分装的具体步骤，同时列出采样时的安全要求。

⑤ 请书写采样原始记录、填写准确规范的采样标签。

## 任务评价

| 序号 | 观测点 | 评价要点 | 自我评价 |
|---|---|---|---|
| 1 | 计算最少抽样件数 | (1)最少抽样件数的计算公式的正确使用和准确计算<br>(2)计算结果小数是否取整数 | |
| 2 | 符合随机抽样要求,抽取件数的位置正确及随机数表标出的采样单元位置正确 | (1)读懂并正确使用随机数表<br>(2)正确并完整标出采样单元位置 | |
| 3 | 最少采样量确定 | (1)理解并正确计算检测样品和留样样品的数量<br>(2)理解总需采样量的估算<br>(3)理解单元样品采样量的估算 | |

续表

| 序号 | 观测点 | 评价要点 | 自我评价 |
| --- | --- | --- | --- |
| 4 | 采样操作、采样安全注意事项正确 | (1)采样工具的选择<br>(2)采样操作的规范<br>(3)采样个人安全防护正确 | |
| 5 | 采样原始记录、采样标签填写正确 | 采样信息填写齐全，如：样品名称、生产企业名称、样品规格（或型号、等级）、样品批量、样品批号、生产日期、采样单元数、采样工具、采样地点、采样气候（温度等）、采样情况记录、采样者姓名等 | |

# 任务二　采集与制备液态密封胶黏稠液体样品

## 任务目标

采集与制备液态密封胶黏稠液体样品。

## 任务描述

某精细化工有限公司成品仓库有同批罐装液态密封胶产品，批量为500罐，批号20220623，生产日期2022-06-23，每罐体积为1000mL，进行一次全分析需试样量约600mL。

## 任务实施

### 一、最少抽样件数的计算

对于液体密封胶产品交货或收货验收时，应记录产品的件数，按随机取样方法，对同一生产厂的相同包装的同批产品进行取样。取样件数按下表的规定。

| 产品件数 | 取样数 | 产品件数 | 取样数 |
| --- | --- | --- | --- |
| 2～8 | 2 | 217～343 | 7 |
| 9～27 | 3 | 344～512 | 8 |
| 28～64 | 4 | 513～729 | 9 |
| 65～125 | 5 | 730～1000 | 10 |
| 126～216 | 6 | | |

注：来自JB/T 4254—2006《液态密封胶》。

查表得，总体物料的单元数为344～512，选取的最少单元数为8。

**二、采样单元位置（根据随机数表标出）**

根据查随机数表，采样单元位置分别是：394、315、297、440、454、128、134、359（共8个数）。（见附录随机数表，例：如起点是第6行、第5列，就找到随机数表中39，由于样品总数是500，三位数，因此以三位数为一例，起点数据是394，通常以列方向往下数，如有超过500的数，跳过，不足换成下一列，重复数据删掉。）

**三、采样数量**

三次全分析需要样品量：

600×3＝1800（mL）⟶约放大至1900mL

三次留样分析需要样品量：

600×3＝1800（mL）⟶约放大至1900mL

总取样量为3800mL，其中留样1900mL，取样分析1900mL。

每罐取样量：3800÷8＝475（mL）⟶约放大至500mL（数据可适当大一些。）

每单元样品采样量是500mL，总需采样量为500×8＝4000（mL）。（该数据是参考值，适当大一些也可以。）

**四、采样操作及注意事项**

1. 盛试样容器

应采用下列洁净的容积为600～800mL的广口容器。

① 内部不涂漆的金属罐；

② 棕色或透明的可密封的玻璃瓶。

2. 采样工具

不锈钢制双套筒采样管、不锈钢搅拌棒。

3. 取样

将装胶软管的尾部切开，将胶挤到一容器中，把胶混合再搅拌均匀，或将金属罐的盖打开，将胶搅拌均匀后，移至盛试样容器中密封保存，试验用胶不少于500mL。

4. 采样操作

采样前，采样管和搅拌棒需干净、干燥。将金属罐的盖打开，用金属搅拌棒将胶搅拌均匀后，用采样管采集不少于500mL样品于干燥清洁的5000mL试剂瓶中（能密封），按采样单元位置采样，直至8瓶采样单元采样完毕，将采取的样品混匀，分装于两个干燥清洁的2500mL试剂瓶中，密封保存，贴上标签，一瓶送检验，另一瓶留样。若有剩余的样品归还指定点，不许乱扔。

5. 采样安全

密闭操作，提供良好的自然通风条件。操作人员必须经过专门培训，严格遵守操作规程。建议操作人员佩戴自吸过滤式防尘口罩，戴化学安全防护眼镜。远离火种、热源，工作场所严禁吸烟。使用防爆型的通风系统和设备，防止蒸气泄漏到工作场所，避免与氧化剂接触。搬运时要轻装轻卸，防止包装及容器损坏。应配备相应品种和数量的消防器材及泄漏应急处理设备。倒空的容器可能残留有害物。

### 五、采样标签和采样原始记录

1. 采样标签

| 样品名称 | 液态密封胶 |
|---|---|
| 生产企业名称 | ××精细化工有限公司 |
| 样品规格(或型号、等级) | 化学纯 |
| 样品批量 | 500罐,每罐1000mL |
| 样品批号 | 20220623 |
| 生产日期 | 2022年6月23日 |
| 采样日期 | 2022年6月24日 |
| 采样者姓名 | ×× |

2. 采样原始记录

| 样品名称 | 液态密封胶 |
|---|---|
| 生产企业名称 | ××精细化工有限公司 |
| 样品规格(或型号、等级) | 化学纯 |
| 样品批量 | 500罐,每罐1000mL |
| 样品批号 | 20220623 |
| 生产日期 | 2022年6月23日 |
| 采样单元数 | 8瓶 |
| 采样工具 | 不锈钢制双套筒采样管、不锈钢搅拌棒 |
| 采样地点 | 成品仓库 |
| 采样气候(温度等) | 晴(或雨,湿度),××℃ |
| 采样情况记录 | 正常(或有破损、沉淀等现象记录) |
| 采样日期 | 2022年6月24日 |
| 采样者姓名 | ×× |

## 任务检查

### 小 组 讨 论

某精细化工有限公司成品仓库有同批罐装液态树脂产品，批量为680罐，批号20211019，生产日期2021-10-19，每罐体积为1000mL，进行一次全分析需试样量约600mL。

① 最少抽样单元件数的计算。

② 确定抽样件的位置，符合随机抽样要求（见附录随机数表，设抽样件的起始位置是第 8 行、第 6 列）。

③ 每单元样品采样量、总需采样量的计算。

④ 简述采样工具、采样操作、混合、分装的具体步骤，同时列出采样时的安全要求。

⑤ 书写采样原始记录，准确规范地填写采样标签。

### 任务评价

| 序号 | 观测点 | 评价要点 | 自我评价 |
| --- | --- | --- | --- |
| 1 | 计算最少抽样件数 | (1)最少抽样件数的计算公式的正确使用和准确计算<br>(2)计算结果小数是否取整数 | |
| 2 | 符合随机抽样要求，抽取件数的位置正确及随机数表标出的采样单元位置正确 | (1)读懂并正确使用随机数表<br>(2)正确并完整标出采样单元位置 | |
| 3 | 最少采样量确定 | (1)理解并正确计算检测样品和留样样品的数量<br>(2)理解总需采样量的估算<br>(3)理解单元样品采样量的估算 | |
| 4 | 采样操作、采样安全注意事项正确 | (1)采样工具的选择<br>(2)采样操作的规范<br>(3)采样个人安全防护正确 | |
| 5 | 采样原始记录、采样标签填写正确 | 采样信息填写齐全，如：样品名称、生产企业名称、样品规格(或型号、等级)、样品批量、样品批号、生产日期、采样单元数、采样工具、采样地点、采样气候(温度等)、采样情况记录、采样者姓名等 | |

## 任务三　采集与制备乳胶漆多相液体样品

### 任务目标

采集与制备乳胶漆多相液体样品。

### 任务描述

某涂料有限公司成品仓库有同批桶装乳胶漆，批量为 300 桶，批号 20211011，生产日期 2021-10-11，每桶体积为 18L，进行一次全分析需试样量约 800mL。

## 任务实施

### 一、最少抽样件数的计算

产品交货时，应记录产品的桶数，按随机取样方法，对同一生产厂生产的相同包装的产品进行取样，取样数应不低于$\sqrt{n/2}$（$n$ 是交货产品的桶数）。取样数建议参考下表。

| 交货产品的桶数 | 取样数 | 交货产品的桶数 | 取样数 |
|---|---|---|---|
| 2～10 | 2 | 71～90 | 7 |
| 11～20 | 3 | 91～125 | 8 |
| 21～35 | 4 | 126～160 | 9 |
| 36～50 | 5 | 161～200 | 10 |
| 51～70 | 6 | 此后每增加 50 桶取样数增加 1 | |

注：来自 GB/T 3186—2006《色漆、清漆和色漆与清漆用原材料取样》。

由表得，总体物料的单元数为 300，选取的最少单元数为 12。

### 二、采样单元位置（根据随机数表标出）

根据查随机数表，采样单元位置分别是：297、128、134、246、60、203、146、117、3、230、192、142（共 12 个数）。（见附录随机数表，例：如起点是第 6 行、第 5 列，就找到随机数表中 39，由于样品总数是 300，三位数，因此以三位数为一例，起点数据是 394，通常以列方向往下数，如有超过 300 的数，跳过，不足换成下一列，重复数据删掉。）

### 三、采样数量

三次全分析需要样品量：

$$800 \times 3=2400(\text{mL}) \longrightarrow \text{约放大至 } 2500\text{mL}$$

三次留样分析需要样品量：

$$800 \times 3=2400(\text{mL}) \longrightarrow \text{约放大至 } 2500\text{mL}$$

总取样量为 5000mL，其中留样 2500mL，取样分析 2500mL。

每罐取样量：

$$5000 \div 12=417(\text{mL}) \longrightarrow \text{约放大至 } 450\text{mL}(\text{数据可适当大一些})$$

每单元样品采样量是 450mL，总需采样量为 $450 \times 12=5400(\text{mL})$。（该数据是参考值，适当大一些也可以。）

**四、采样工具**

1. 盛样容器

盛样容器应采用下列适当大小的洁净的广口容器：

① 内部不涂漆的金属罐；

② 棕色或透明的可密封玻璃瓶；

③ 纸袋或塑料袋。

2. 搅拌器

不锈钢或木制搅拌棒；机械搅拌器及其清洁器如下图所示。

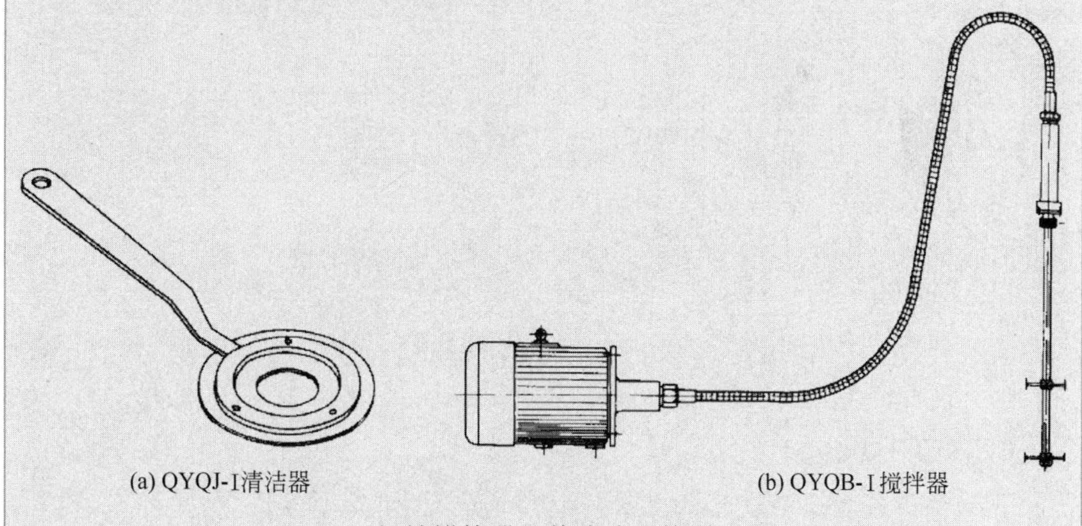

(a) QYQJ-Ⅰ清洁器　　(b) QYQB-Ⅰ搅拌器

机械搅拌器及其清洁器简图

3. 采样器

下图为五件取样器：QYG-Ⅰ型取样管；QYG-Ⅱ型取样管；QYG-Ⅲ型取样管；QYG-Ⅳ型取样管；QYQ-Ⅰ型贮槽取样器。效果类似的采样器也可采用。

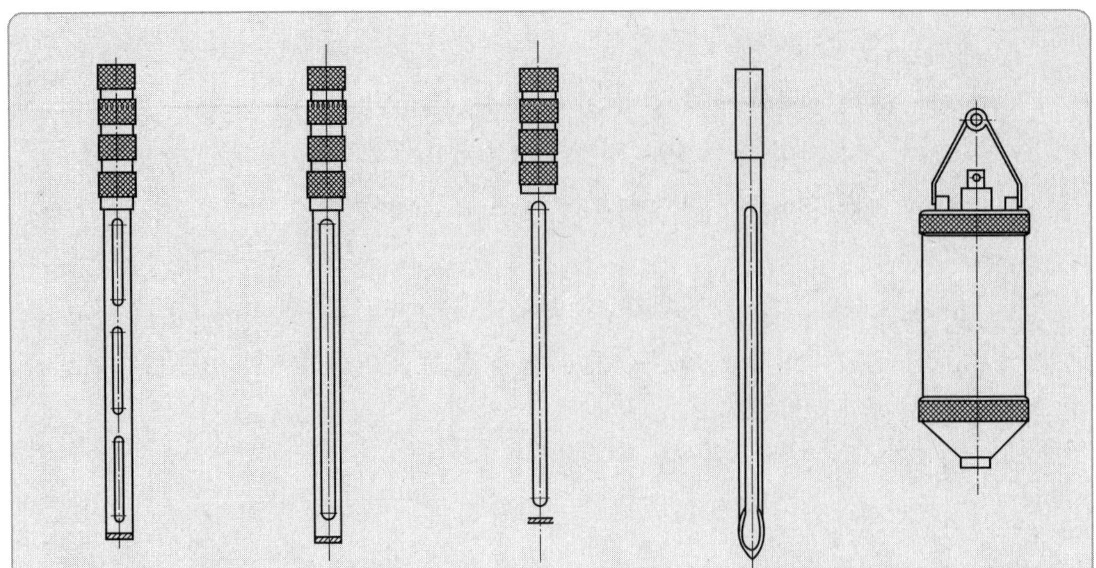


五件取样器示意图

## 五、采样操作及注意事项

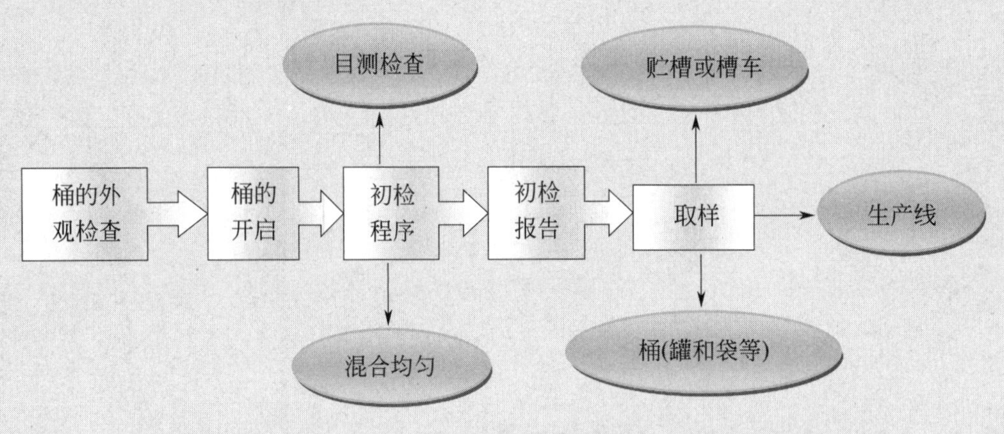


待取样产品的初检程序

1. 桶的外观检查

记录桶的外观缺陷或可见的损漏，如损漏严重，应予舍弃。

2. 桶的开启

除去桶外包装及污物，小心地打开桶盖，不要搅动桶内产品。

3. 初检程序

（1）目测检查

① 结皮。记录表面是否结皮及结皮的程度，如：硬、软、厚、薄，如有结皮，则沿容器内壁分离除去，记录除去结皮的难易。

② 稠度。记录产品是否假稠、触变或胶凝。

③ 分层、沉淀及外来异物。检查样品有无分层、外来异物和沉淀，并予记录。沉淀程度分为软、硬、干硬，如有干硬，则用调漆刀切割结块，使内部容易碎裂。

(2) 混合均匀

① 胶凝或有干硬沉淀不能均匀混合的产品，则不能用来试验。

② 为减少溶剂损失，操作应尽快进行。

③ 除去结皮。如结皮已分散不能除尽，应过筛除去结皮。

④ 有沉淀的产品。有沉淀的产品，可采用搅拌器械使样品充分混匀。有硬沉淀的产品也可使用搅拌器。在无搅拌器或沉淀无法搅起的情况下，可将桶内流动介质倒入一个干净的容器里。用刮铲从容器底部铲起沉淀，研碎后，再把流动介质分几次倒回原先的桶中，充分混合。如按此法操作仍不能混合均匀，则说明沉淀已干硬，不能用于试验。

4. 初检报告

报告应包括如下内容：标志所列的各项内容；外观；结皮及除去的方式；沉淀情况和混合或再混合程序；其他。

5. 取样

采样前，采样管和搅拌棒需干净、干燥。小心地打开桶盖，不要搅动桶内产品，进行初检，完成初检报告。用不锈钢搅拌棒搅拌均匀后，从已初检过的桶内不同部位用取样器采集相同量的样品，总共不少于450mL样品于干燥清洁的10000mL试剂瓶中（能密封），按采样单元位置直至12瓶采样单元采样完毕，将采取的样品混匀，分装于两个干燥清洁的5000mL试剂瓶中，密封保存，贴上标签，一瓶送检验，另一瓶留样。若有剩余的样品归回指定点，不许乱扔。

**安全提示**

① 取样者必须熟悉被取产品的特性和安全操作的有关知识及处理方法。

② 取样者必须遵守安全操作规定，在通风良好的场所操作，如确需在封闭处作业时，必须安装通风装置及使用适当的防护装置。为防止接触到人体，必须穿戴个人防护设备：佩戴防护口罩；穿戴防护手套；佩戴安全眼镜；穿戴个人防护设备（包括防护服）。作业后，洗手，洗脸。不要把被污染的个人防护设备带入休息室。

## 六、初检报告、采样标签和采样原始记录

### 1. 初检报告

| 样品名称 | 乳胶漆 |
|---|---|
| 生产企业名称 | ××涂料有限公司 |
| 样品规格(或型号、等级) | 合格品 |
| 样品批量 | 300桶,每桶18L |
| 样品批号 | 20211011 |
| 生产日期 | 2021年10月11日 |
| 采样日期 | 2021年10月13日 |
| 外观 | 完好 |
| 结皮 | 软、薄(或无) |
| 结皮除去方式 | 容易沿容器内壁分离除去 |
| 沉淀情况 | 沉淀软(或硬、干硬) |
| 混合或再混合程序 | 用搅拌器能混合均匀 |
| 其他 | 无 |
| 采样者姓名 | ×× ×× |

### 2. 采样标签

| 样品名称 | 乳胶漆 |
|---|---|
| 生产企业名称 | ××涂料有限公司 |
| 样品规格(或型号、等级) | 合格品 |
| 样品批量 | 300桶,每桶18L |
| 样品批号 | 20211011 |
| 生产日期 | 2021年10月11日 |
| 采样日期 | 2021年10月13日 |
| 采样者姓名 | ×× ×× |

### 3. 采样原始记录

| 样品名称 | 乳胶漆 |
|---|---|
| 生产企业名称 | ××涂料有限公司 |
| 样品规格(或型号、等级) | 合格品 |
| 样品批量 | 300桶,每桶18L |
| 样品批号 | 20211011 |
| 生产日期 | 2021年10月11日 |
| 采样单元数 | 12瓶 |
| 采样工具 | 取样器、不锈钢搅拌棒 |
| 采样地点 | 成品仓库 |
| 采样气候(温度等) | 晴(或雨,湿度) |
| 采样情况记录 | 正常(或有破损、沉淀等现象记录) |
| 采样日期 | 2021年10月13日 |
| 采样者姓名 | ×× ×× |

## 任务检查

### 小 组 讨 论

某涂料有限公司成品仓库有同批小桶装乳胶漆产品，批量为 190 桶，批号 20220318，生产日期 2022-03-18，每罐体积为 5L，进行一次全分析需试样量约 600mL。

① 最少抽样单元件数的计算。

② 确定抽样件的位置，符合随机抽样要求（见附录随机数表，设抽样件的起始位置是第 3 行、第 7 列）。

③ 每单元样品采样量、总需采样量的计算。

④ 预检方法和报告的准备。

⑤ 请简述采取该产品时的采样工具；采样操作、混合、分装的具体步骤，同时列出采样时的安全要求。

⑥ 请书写采样原始记录、填写准确规范的采样标签。

## 任务评价

| 序号 | 项目及分配 | 打 分 标 准 | 扣分记录 | 得分 |
|---|---|---|---|---|
| 1 | 计算抽样件数正确(15 分) | (1)计算错扣 15 分<br>(2)计算结果小数不进位扣 7 分 | | |
| 2 | 符合随机抽样要求,抽取件数的位置正确及随机数表标出的采样单元位置正确(15 分) | 每错一个单元位置扣 1 分(扣完为止) | | |
| 3 | 最少采样量正确(15 分) | (1)小于最少采样量扣 20 分<br>(2)大于最少采样量 10%扣 10 分 | | |
| 4 | 采样操作及注意事项回答正确(20 分) | (1)每错一个步骤扣 2 分<br>(2)采样注意事项不写扣 10 分 | | |
| 5 | 预检方法正确(10 分) | 每错一个观察项目扣 1 分 | | |
| 6 | 预检报告填写(10 分) | 每少一项内容扣 1 分 | | |
| 7 | 标签填写(5 分) | 每少一项内容扣 1 分 | | |
| 8 | 采样记录 (10 分) | 每缺一项扣 1 分 | | |

知识链接

## “奋斗者”号载人潜水器

“奋斗者”号是中国研发的万米载人潜水器，于2016年立项，由蛟龙号、深海勇士号载人潜水器的研发力量为主的科研团队承担。它融合了蛟龙号、深海勇士两代深潜装备的优良血统，除了拥有安全稳定、动力强劲的能源系统，还拥有更加先进的控制系统和定位系统，以及更加耐压的载人球舱等。

2020年11月10日上午8时12分，中国载人潜水器“奋斗者”号在西太平洋马里亚纳海沟成功下潜突破1万米，达到10909米，再创中国载人深潜的新纪录。

2021年10月5日，“奋斗者”号已首次实现常规科考应用。此次下潜期间，“奋斗者”号开展了利用测深侧扫设备进行目标搜寻及地形探测，还从海底一万米的地方带回了各种矿物、沉积层、深海生物以及深海水样，人类对海洋的认知程度将会迎来又一次的重要突破。

2021年12月5日上午，“探索一号”科考船携“奋斗者”号载人潜水器完成2021年度第二航段马里亚纳海沟常规科考应用任务后，返回三亚。航次期间，“奋斗者”号载人潜水器共下潜23次，其中6次超过万米，在马里亚纳海沟“挑战者深渊”最深区域进行了科考作业，采集了一批珍贵的深渊水体、沉积物、岩石和生物样品。

2022年9月，中国全海深载人潜水器“奋斗者”号与4500米级载人潜水器“深海勇士”号，在南海1500米水深区域完成既定作业任务。这是中国首次投入两台载人潜水器进行联合作业。

回顾中国深海载人潜水器的发展史，从1986年只能下潜300米的7103救生艇，到如今的万米“奋斗者”号，只经历了三十五年的时间，中国科技发展的脚步越迈越大，其中包含了无数科技工作者的奋斗。

正如“奋斗者”号深海载人潜水器的名字，“奋斗者”号的成功反映了当代科技工作者接续奋斗、勇攀高峰的精神风貌。同时，每一位为中国探索星辰大海、保卫国泰民安、创造繁荣富强的工作者，都是这个时代最美的“奋斗者”。

本项目课件

## 练一练、测一测

### 一、填空题

1. 采样操作人员必须熟悉被采液体化工产品的__________、__________的有关知识和处理方法，严格遵守安全通则的各项规定。

2. 液体物料的种类有________、________、________和________。

3. 在对液体物料进行采样时，应根据__________和__________来选择采样工具。

4. 在采样过程中，先确定______________后，根据具体的情况确定____________和__________，然后按照__________进行采样。

5. 贮罐、槽车和船舱采样要防止__________危险。

6. 多相液体是指含有可分离__________或__________的液体。

### 二、选择题

1. 以下（　　）选项不是液体样品的类型。

A. 部位样品　　B. 混合样品　　C. 全液位样品　　D. 批混合样品

2. 采取全液位样品可用以下哪种采样工具？（　　）

A. 采样勺　　B. 采样管　　C. 混样杯　　D. 底阀型采样器

### 三、判断题

1. 对液体物料进行采样前必须进行预检。（　　）

2. 如被采容器内物料未混合均匀，可采中部样品作为代表性样品。（　　）

3. 从槽车中采样，若无专门的采样装置时，则可用采样瓶在中部采样。（　　）

4. 从自来水或有抽水设备的井水中取样时，将水龙头或泵打开后立即用干净瓶收集水样。（　　）

5. 如贮罐无采样口只有一个排料口，则从排料口直接采样。（　　）

6. 一般原始样品量大于实验室样品需要量，因而必须把原始样品量缩分成 2～3 份小样。（　　）

## 四、简答题

1. 简述采集液体样品的基本要求。

2. 简述液体物料采样前进行预检的内容。

3. 简述液体样品采样工具的基本要求。

4. 简述液体样品如何保存。

## 五、计算题

某试剂厂成品仓库现有分析纯化学试剂醋酸液体样品 360 瓶，批号 20220218，生产日期 2022-02-18，每瓶 500mL，一次全分析需要量为 200mL。

① 最少抽样单元件数的计算。

② 确定抽样件的位置，符合随机抽样要求（见附录随机数表，设抽样件的起始位置是第 3 行、第 6 列）。

③ 每单元样品采样量、总需采样量的计算。

④ 简述采样工具、采样操作、混合、分装的具体步骤，同时列出采样时的安全要求。

⑤ 书写采样原始记录，准确规范地填写采样标签。

溶解氧采集瓶工作过程

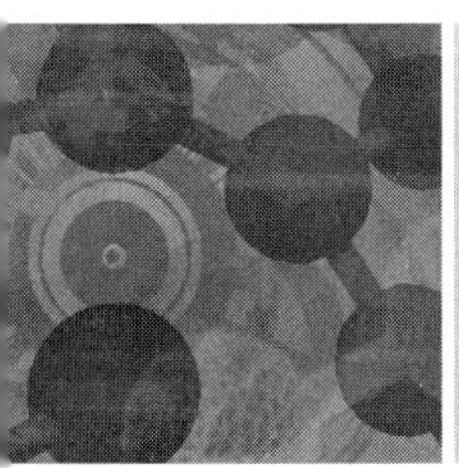

# 项目四 采集和处理气体样品

## 学习引导

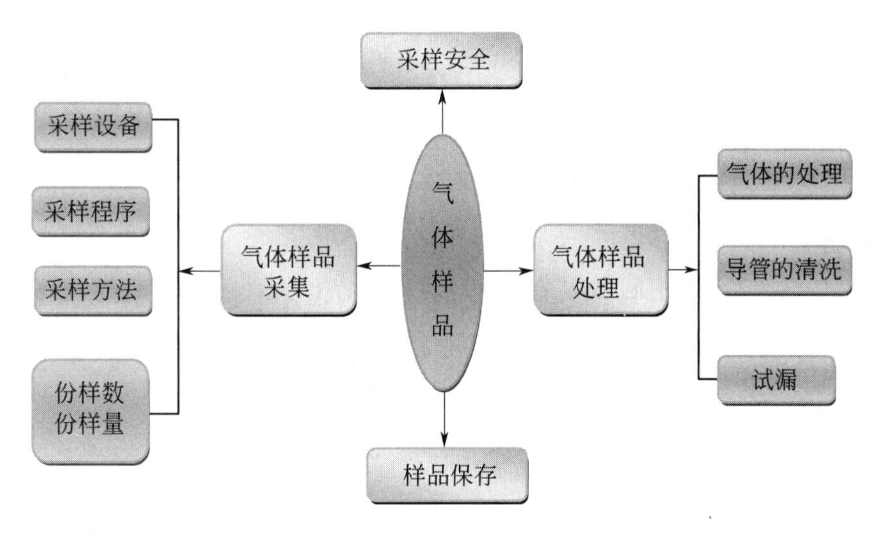


许多气体工业产品的分析是在仪器上进行的，通常把采样步骤与分析的第一步相结合，但有时还需要在一个单独容器中采取个别样品。气体采样在实践中遇到的问题较多。气体采样的特点是：气体容易通过扩散和湍流而混合均匀，成分上的不均匀性一般都是暂时的；气体往往具有压力、易于渗透、易被污染和难以贮存。

## 知识一　气体样品的采样设备

### 知识目标

- 认识常用的气体采样设备；
- 掌握调节压力和流量的装置。

**能力目标**

- 能正确使用气体采样设备；
- 会使用压力和流量装置进行调节；
- 会根据不同的气体样品合理选择采样设备。

**素质目标**

- 具备继续学习、自我提高及终身学习的理念；
- 具备吃苦耐劳和诚实守信的品质；
- 选择采样设备时，要本着节约成本的原则；
- 使用气体采样设备时，提高学生的安全防范意识。

气体样品采样设备的基本要求：

对样品气不渗透，不吸收，在采样温度下无化学活性，不起催化作用，力学性能良好，容易加工连接。

在对气体物料进行采样时，应根据容器情况和物料的种类来选择采样设备。采样设备包括采样器、导管、样品容器、预处理装置、调节压力或流量的装置、吸气器和抽气泵等。

## 一、采样器

根据气体的种类不同，选择用不同材料的采样器。常用的采样器见表 4-1，几种不同的气体采样器见图 4-1。

**表 4-1　常用的采样器**

| 采样器类型 | 使　用　条　件 | 特　　点 |
| --- | --- | --- |
| 硅硼玻璃采样器 | ＜450℃ | 价廉 |
| 石英采样器 | 900℃以下长期使用 | 易碎，在高温下变形 |
| 珐琅质采样器 | 1400℃以下使用 | 易受热灰侵蚀 |
| 不锈钢和铬铁采样器 | 在 950℃使用 | |
| 镍合金采样器 | 1150℃使用 | |
| 水冷却金属采样器 | 采取可燃性气体 | 可减少采样时发生化学反应的可能性 |

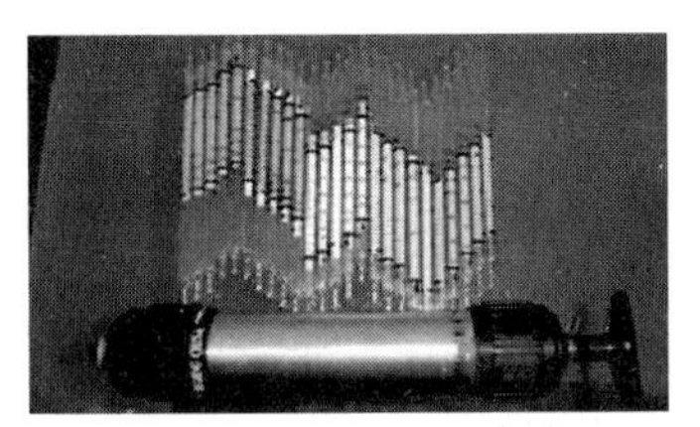

(a) 常压手动气体采样器

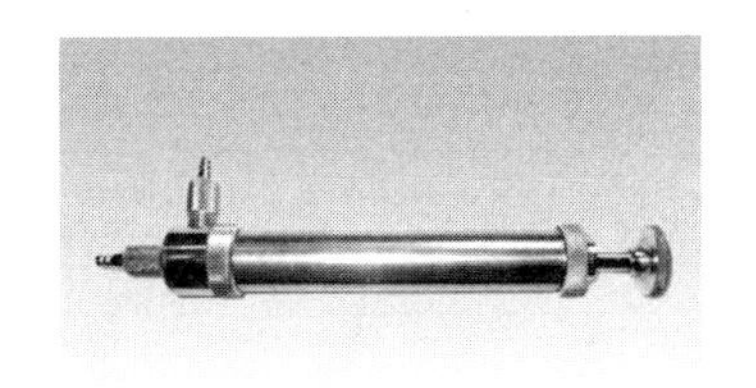

(b) 正压气体采样器

(c) 液化气采样器

图 4-1　几种不同的气体采样器

## 二、导管

### 1. 导管的材质与选择

导管有不锈钢管、碳钢管、铜管、铝管、特制金属软管、玻璃管、聚四氯乙烯或聚乙烯等塑料管和橡胶管，如图 4-2 所示。

高纯气体的采样，应采用不锈钢管或铜管，管间用硬焊或活动连接，但必须紧密连接确保不漏，只有在要求不高时才能用橡胶管或塑料管。

导管的连接处都要用到润滑剂。高真空润滑油在一般温度可用，温度较低时因黏性不符合要求而不使用。纯凡士林不适于用作润滑剂。用凡士林、石蜡和生橡胶或凡士林和松香按一定配方混熔可调制出良好的润滑剂。

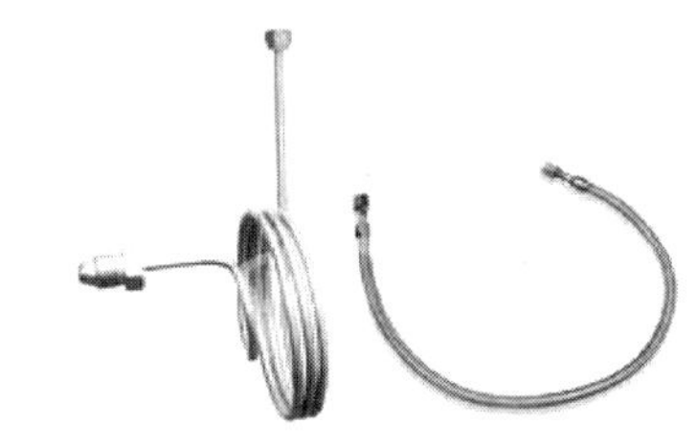

(a) 不锈钢金属导管

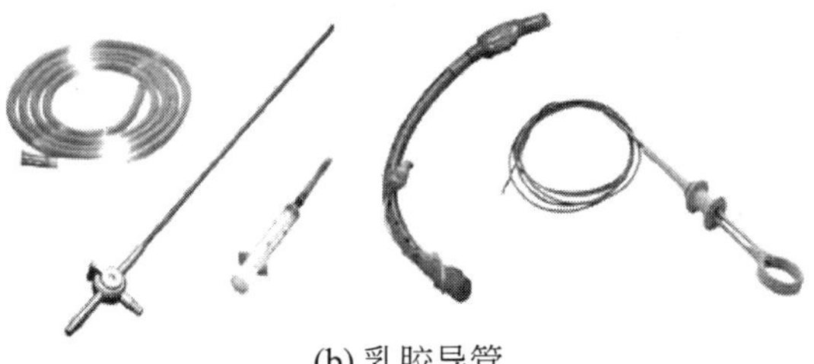

(b) 乳胶导管

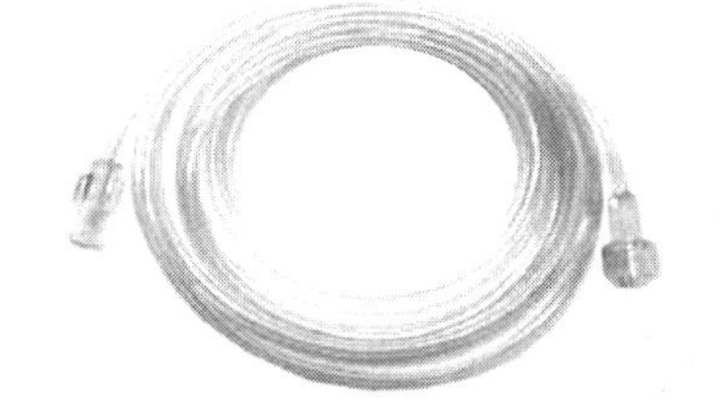

(c) 塑料导管

图 4-2　几种不同的气体导管

### 2. 导管的处理

导管内壁要除去润滑剂、油脂、固体渣粒和其他污染物。在采样前还要除去管内残留的气体和痕量湿气。防止表面发生化学反应，产生吸附和被残留气体污染。

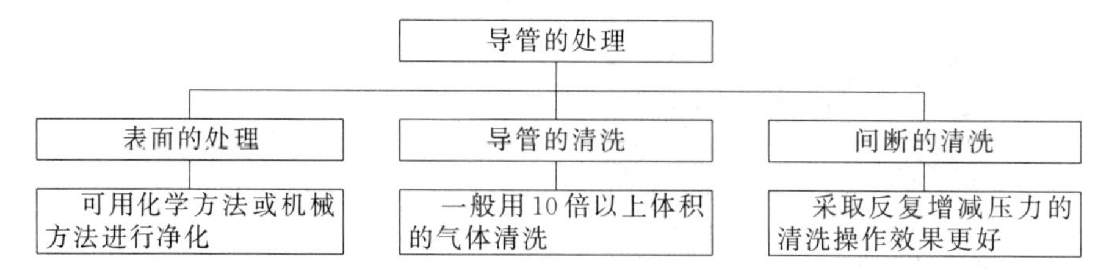


（1）表面的处理　可用化学方法（酸洗、碱洗、钝化或用其他类似的化学表面剂处理）或机械方法（如超声波的方法）进行净化。金属容器、金属导管内壁可进行抛光处理。玻璃容器内用硅烷化试剂处理能减少吸附性。

（2）导管的清洗　导管的清洗方法随气体存在的量、压力等而定。一般用10倍以上体积的气体清洗。若样品气的体积很小，可采用真空采样或置换封闭液的方法。若气源是处在负压情况下，可用一个合适的吸气器或泵来采样。

（3）间断的清洗　减压器、阀和导管都有一定的死体积，使用简单的清洗操作并不是非常有效。因为残留气体和痕量湿气在死体积中停留并缓慢扩散入被送入的气体中，采取反复增减压力的清洗操作效果更好。

## 三、试漏

导管、螺纹连接或焊接处都应试漏，经过装卸的部件更应试漏。分段试漏是行之有效的好方法。试漏方法有：

① 将系统加压或减压，然后关闭出口，观察压力计（或流量计）的变化，当压力计在0.5h内下降不超过0.1MPa或流量计浮子下降为0时即为不漏气；

② 将系统加压，用表面活性剂（如肥皂水、洗涤剂溶液）涂抹所有连接点，如无气泡则为不漏气；

③ 真空管线可用高频火花放电器或氦质谱探漏仪检查。

## 四、样品容器

### 1. 玻璃容器

常用的玻璃容器有两头带考克的采样管，带三通的玻璃注射器和真空采样瓶，如图4-3所示。

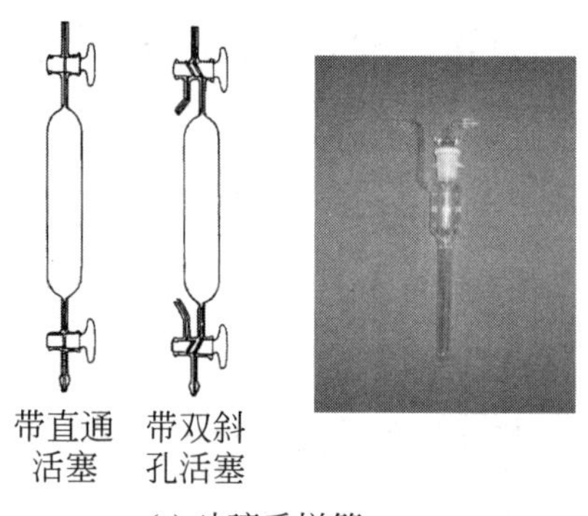


(a) 玻璃采样管

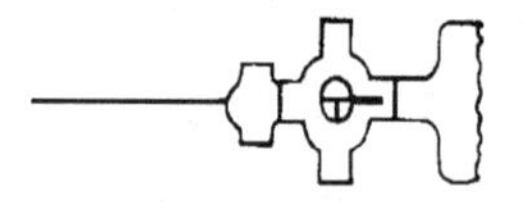

(b) 带金属三通的玻璃注射器

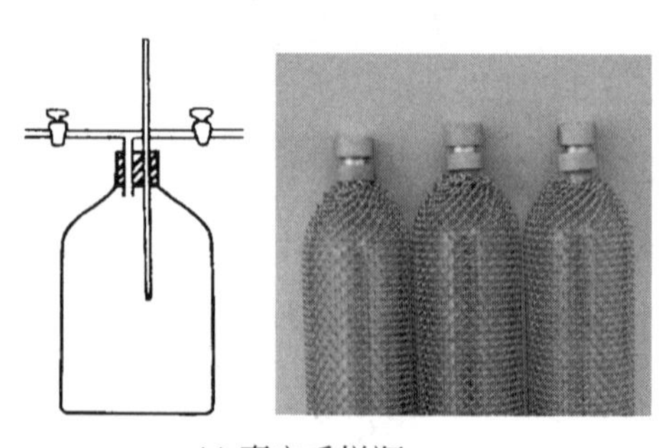

(c) 真空采样瓶

图4-3　玻璃容器

## 2. 金属钢瓶

金属钢瓶有不锈钢瓶、碳钢瓶和铝合金瓶等，有单阀型、双阀型、非预留容积管型和预留容积管型，如图 4-4 所示。

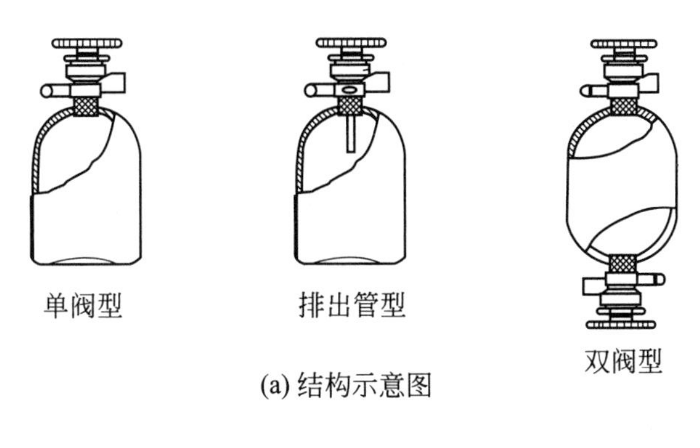


(a) 结构示意图

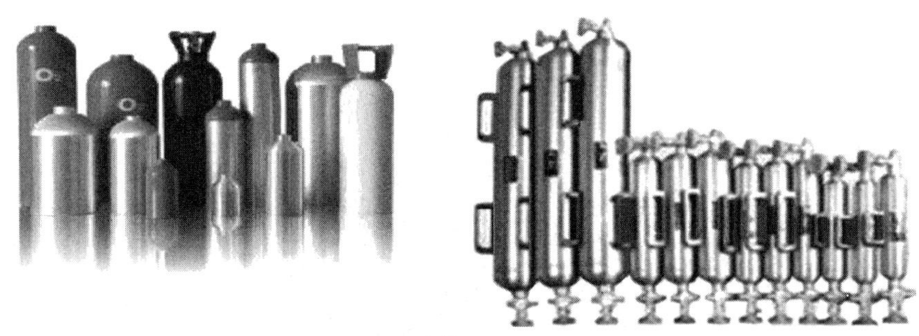

(b) 实物图

图 4-4　金属钢瓶

双阀预留容积管型采样钢瓶应在连通预留容积管的阀门上做好标志。两头带针形阀的比单头的使用方便。常用的是小钢瓶，容积为 0.1～5L，一般分耐高压和中压两类。对含微量硫化氢或水等的样品不能长期保留。钢瓶必须定期做强度试验和气密性试验，钢瓶要专瓶专用。

用钢瓶采集气体样品

## 3. 卡式气罐

卡式气罐由金属材料制成，瓶口配有气密阀门，与适当的采样导管和接口相连接，可用于高压气体和液化气体的采样和样品贮存。这种卡式气罐在实际采样工作中携带方便，经济实用，如图 4-5 所示。

## 4. 液氯钢瓶

液氯钢瓶由适宜的钢材制成，容积可为 0.5～10L，带有一长一短双内管连通双阀门的瓶头，在瓶头上对应于长管和短管的各阀门上应做好标记。液氯钢瓶

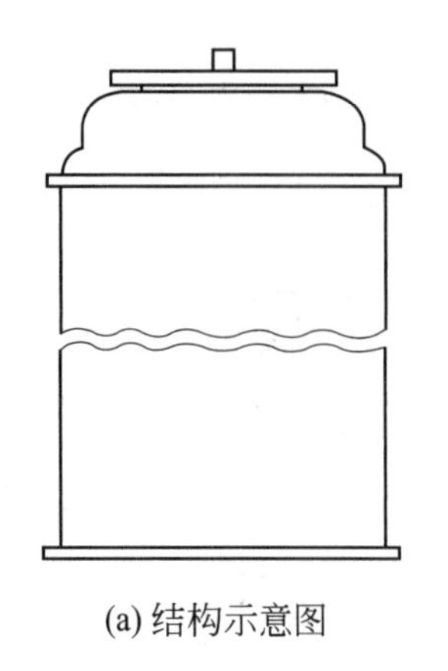
(a) 结构示意图

(b) 实物图

图 4-5　卡式气罐

在经检验符合规定压力的水压试验和规定压力的气密性试验后方准使用。液氯钢瓶可用于有毒化工液化气体产品如液氯等的采样，如图 4-6 所示。

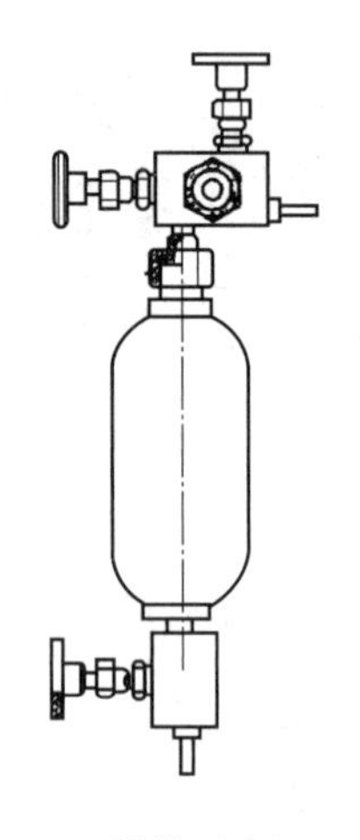
(a) 结构示意图

(b) 实物图

图 4-6　液氯钢瓶

### 5. 金属杜瓦瓶

金属杜瓦瓶由金属材料制成，隔热良好，用于从贮罐中采取低温液化气体（例如液氮、液氧和液氨等）的液体样品，如图 4-7 所示。

### 6. 吸附剂采样管

吸附剂采样管有活性炭采样管和硅胶采样管。活性炭采样管常用来吸收并浓缩有机气体和蒸气，如图 4-8 所示。

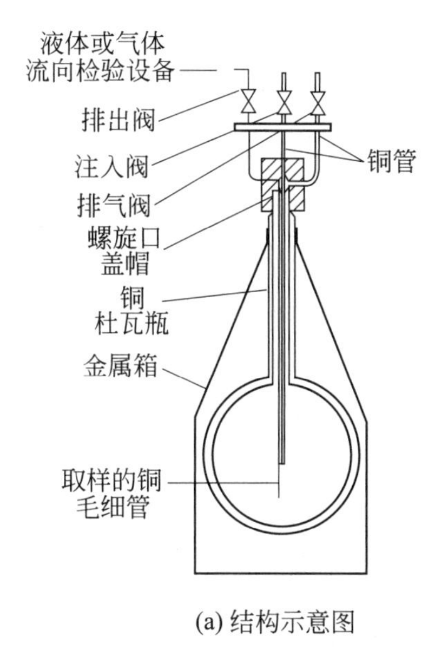


(a) 结构示意图

(b) 实物图

图 4-7　金属杜瓦瓶

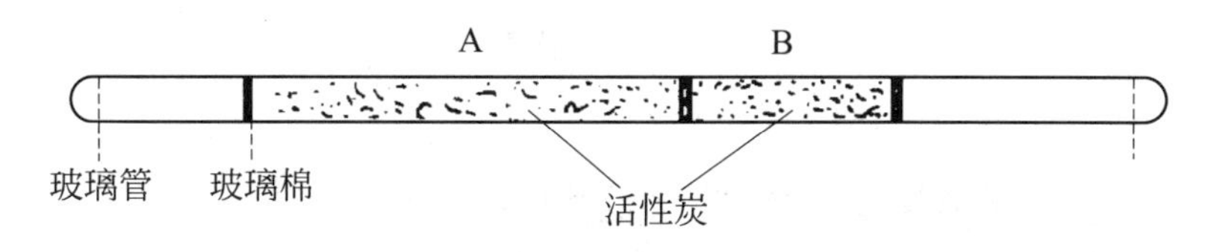


图 4-8　活性炭采样管

A、B段分别装有活性炭

**7. 球胆**

气体样品的采集（球胆取样）

气体取样球胆是用纯天然橡胶加工而成的，具有质地均匀、可塑性强、密封性好等特点。气体取样球胆是实验室收集各种气体必备的器具。

使用球胆采样时有严重的缺陷：球胆易吸附烃类等气体，易渗透氢气等小分子气体，故放置后成分会发生变化。但因其价廉易得、使用方便，故在要求不高时尚可使用。用球胆采样时必须先用样品气吹洗干净（至少吹洗三次以上），采样后必须立即分析，应固定球胆专取某种样品。带有喉管的球胆如图 4-9 所示。

**8. 气体采样袋**

气体采样袋的材质有聚乙烯、聚丙烯、聚酯、聚四氟乙烯、聚全氟乙丙烯和复合膜等。含氟袋子比球胆保存样品的时间长。复合膜气袋适于盛装质量较高的气体。如图 4-10 所示。

图 4-9　带有喉管的球胆

球胆采集液化气样品

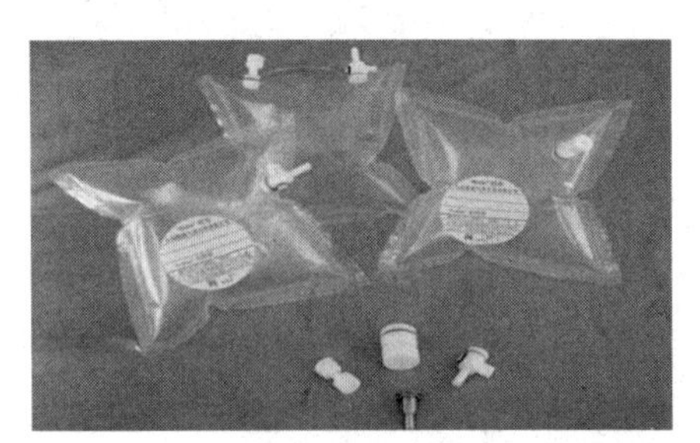

(a) 塑料气袋

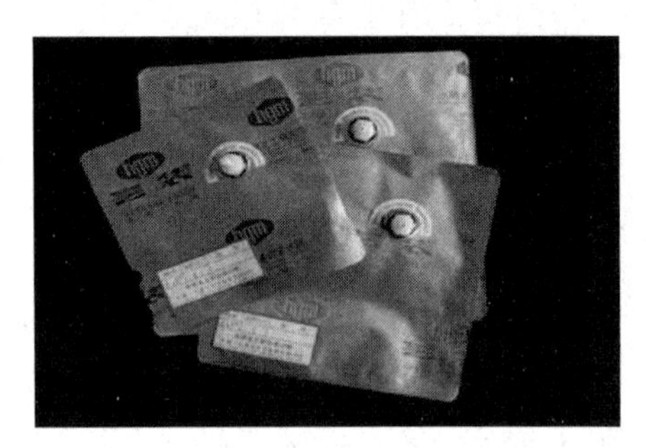

(b) 复合膜气袋

图 4-10　气体采样袋

用气袋采集气体样品

气体采样袋装有塑料接口或金属接口，适合于充装各种气体，如硫化物、卤化物及有机气体。气袋可在 1～3 个月内确保低浓度（$10^{-6}$ 量级）组分组成恒定不变。

气体采样塑料袋广泛用于石油、化工、环保、卫生等行业气体样品的采集和保存，是橡胶球胆优异的替代产品。规格有 0.5～40L。接口有金属嘴、金属阀、直通塑嘴、直通塑阀、侧向塑阀等。

## 五、调节压力和流量的装置

### 1. 调节压力的装置

减压器是将高压气体降为低压气体，并保持输出气体的压力和流量稳定不变的调节装置。减压器的构造类型很多，按结构形式可分为薄膜式、弹簧薄膜式、活塞式、杠杆式和波纹管式等。

减压器是气动调节阀的一个必备配件，这类阀门在管道中一般应当水平安装。高压采样，一般可安装两级减压器。气动调节阀如图 4-11 所示。

图 4-11 气动调节阀

**2. 调节流量的装置**

气体流量的调节可采用气体流量控制器，如图 4-12 所示。其常见类型有容积式流量计、浮子式流量计、差压式流量计、超声流量计、电磁流量计等。

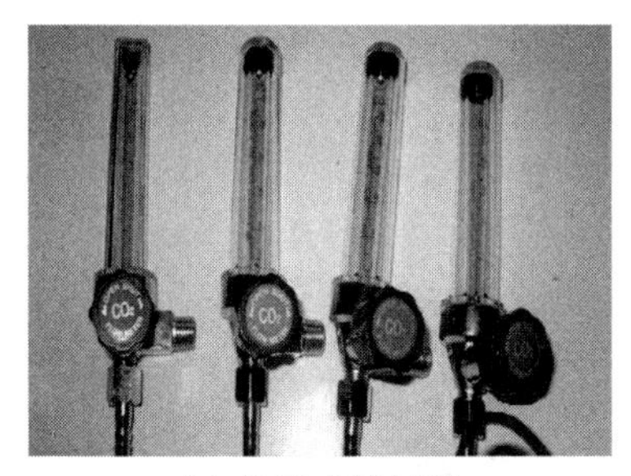

(a) 差压式流量计

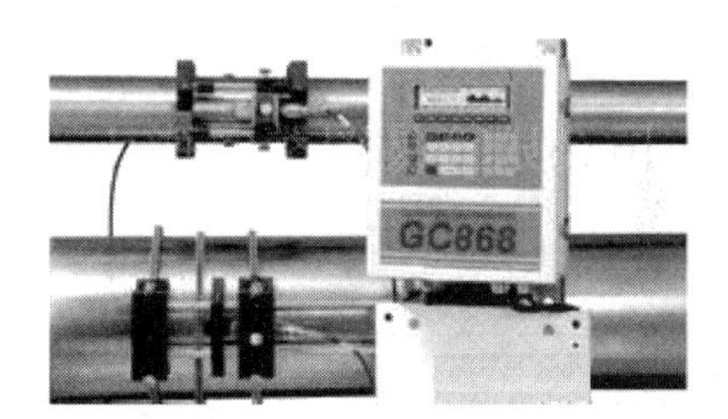


(b) 超声波流量计

(c) 电磁流量计

图 4-12 气体流量控制器

## 六、吸气器和抽气泵

常压采样常用橡胶制的双联球，但它的排气能力低、容积小，某些蒸气与橡胶作用易使双联球腐蚀。配有出气口阀门的手动橡胶球在使用上与双联球相似。因而采样时常用到吸气器，吸气器可搭配玻璃（或聚乙烯）瓶，即吸气瓶，如图 4-13 所示。

使用水流抽引器可方便地产生中度真空。真空抽气泵可产生较高度真空。它们也是采样常用到的装置，应根据采样条件、要求来选择水流抽引器和真空抽气泵如图 4-14 所示。

(a) 吸气器

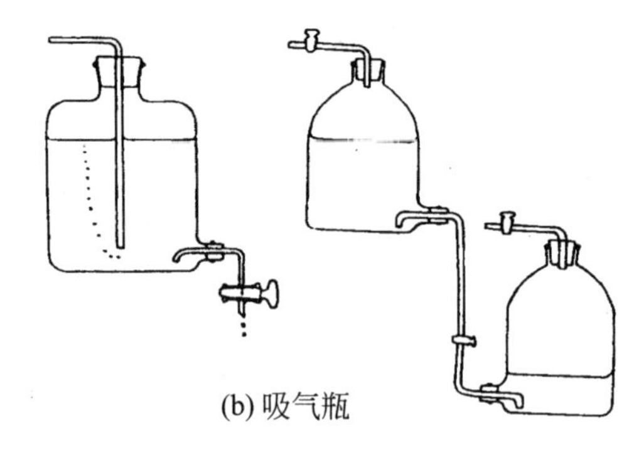

(b) 吸气瓶

气体样品的采集

（吸气瓶法）

图 4-13　吸气器和吸气瓶

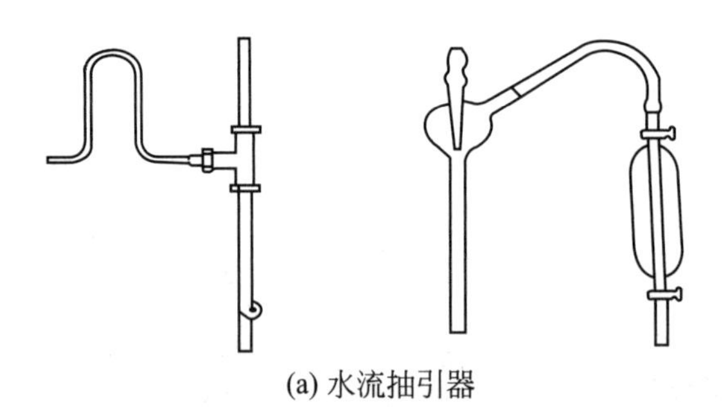

(a) 水流抽引器

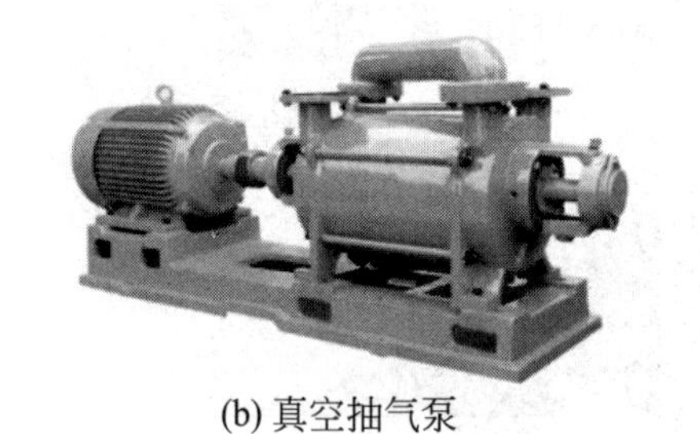

(b) 真空抽气泵

图 4-14　水流抽引器和真空抽气泵

气体样品的采集

（流水抽气泵法）

## 知识链接

### 大气采样器

采集大气污染物或受到污染的气体的仪器或装置称为大气采样器。大气采样器种类很多，按采集对象可分为气体（包括蒸气）采样器和颗粒物采样器两种；按使用场所可分为环境采样器、室内采样器（如工厂车间内使用的采样器）和污染源采样器（如烟囱采样器）等。此外还有特殊用途的大气采样器，如同时采集气体和颗粒物的采样器，可采集大气中二氧化硫和颗粒物，或氟化氢和颗粒物等。还有采集空气中细菌的采样器。

## 1. 气体采样器

气体采样器一般由收集器、流量计和抽气动力系统三部分构成。

## 2. 颗粒物采样器

颗粒物采样器常用过滤法采样，大体可分为两类，通用采样器和粒度分级采样器。

(1) 通用采样器　可采集一定粒度范围内的颗粒物。这种采样器按抽气量的大小分为大流量采样器（一般抽气量为 1.1～1.7$m^3$/min）和小流量采样器（抽气量<20L/min)。大流量气体采样器采集的颗粒物粒度可大到 40～60μm，采样时受风速、风向的影响较大。

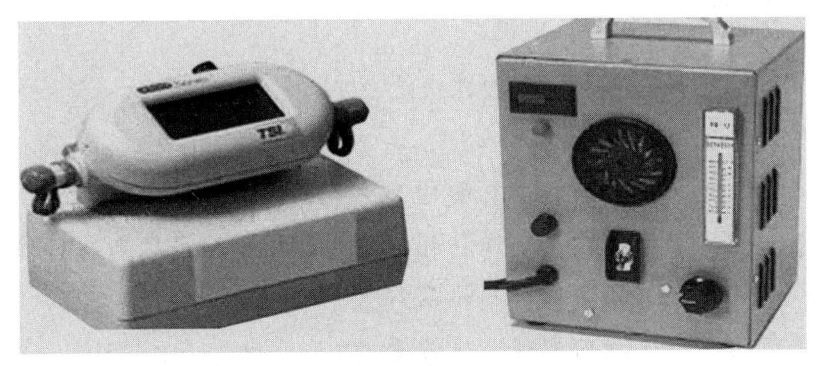

大流量气体采样器

(2) 粒度分级采样器　粒度分级采样器主要有两种。一种是多层孔板结构的冲击式分级采样器。颗粒物随气流进入采样器，通过不同孔径的孔板，各种不同粒径的颗粒物被分离开来，留在各层滤膜上。现今设计的冲击式分级采样

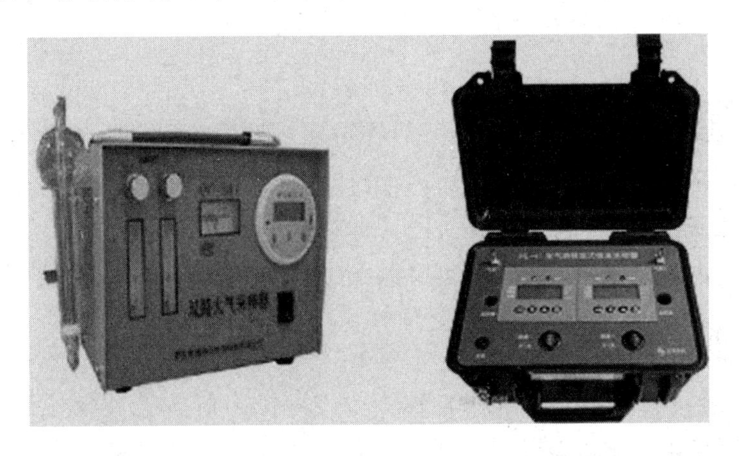

双分道采样器

器，一般收集粒度小于15μm的颗粒物，有10级以下各种级数的分级形式。如安德森多级冲击式采样器，有6～10级的各种类型。也可在上述大流量采样器的收集器上，安装粒度分离器（狭缝式的或圆孔式的金属板），即成为大流量冲击式分级采样器。另一种是双分道采样器，是利用颗粒物在气流中的惯性，把粒度小于15μm的颗粒物用喷嘴分成大于3.5μm和小于3.5μm两部分，分别进入两个通道，收集在滤膜上。

大气中有害气体的采集

颗粒物采样器还有条带式过滤采样器、定时连续过滤采样器等形式。

## 讨论与交流

① 气体样品采样设备的基本要求是什么？

② 常用的气体采样设备有哪些？

③ 常用的气体采样样品容器有哪些？

④ 液氯钢瓶、卡式气罐及金属杜瓦瓶分别适用于何种状态物料的贮存？

⑤ 怎样用气体采样器采取大气样品？

⑥ 流量调节装置是如何实现调节流量的？

# 知识二　气体样品的采集方法

## 知识目标

- 了解气体样品的类型及采样方法；
- 掌握不同工作场景下的气体样品的采集方法。

## 能力目标

- 会使用气体采样仪器进行采样工作；
- 会对气体样品进行采集。

素质目标

- 在采样时要有吃苦耐劳精神；
- 具有从事本专业工作的职业道德；
- 不同工作场景下的气体样品的采集时都要注意安全。

采样气体物料可分为四大类：常压气体、正压气体、负压气体和液化气体。

气体样品的类型有部位样品、连续样品、间断样品和混合样品。

在采样过程中，确定采样单元后，根据具体的情况确定采取的子样数目和子样质量，然后按照有关规定进行采样。

## 一、气体样品的类型

气体样品的类型及采样工具和方法见表 4-2。

**表 4-2　气体样品的类型及采样工具和方法**

| 样品的类型 | 定　　义 | 常用采样工具和方法 |
|---|---|---|
| 部位样品 | 从物料的特定部位或在物料流的特定部位和时间采得的一定数量或大小的样品。它是代表瞬时或局部环境的一种样品 | 采样袋　采样钢瓶 |
| 连续样品 | 一种从物料流中连续取得的样品 | 在整个采样期内需要保持同样的速度往样品容器中充气。一般采用自动连续气体采样器采样 |

续表

| 样品的类型 | 定　　义 | 常用采样工具和方法 |
|---|---|---|
| 间断样品 | 一种从物料流中间断取得的样品 | 间断样品的采样常用手动操作。也可用电子时间程序控制器接到气体采样系统，控制固定间隔时间自动采样<br>手动式气体采样器　　手持式气体采样器 |
| 混合样品 | 将采集的一组样品混合在一起得到的样品 | (1)分取混合采样法<br>将不同容器内的气体分别按气体的体积采取等比例的气体样品，然后将其混合，此混合物可代表这几个容器内的气体混合后得到的样品<br>(2)分段采样法<br>对一种气流，按规定距离由几个采样点采取部位样品，同时在每一个采样点测量气体的流速，逐个分析这些样品。混合样品中某一组分的平均浓度由计算得到 |

## 二、常压气体物料试样的采集

常压气体是指处于大气压下或近似大气压下的气体。处于这种状态的气体物料，常用橡胶制的双联球或玻璃吸气瓶采样，也可采用采样器进行采样。常压气体采样系统见图 4-15。

具体方法如下。

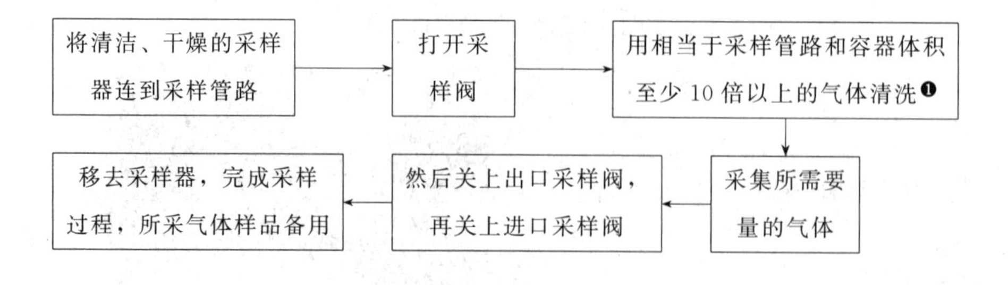


❶ 高纯气体应该用 15 倍以上的气体清洗。

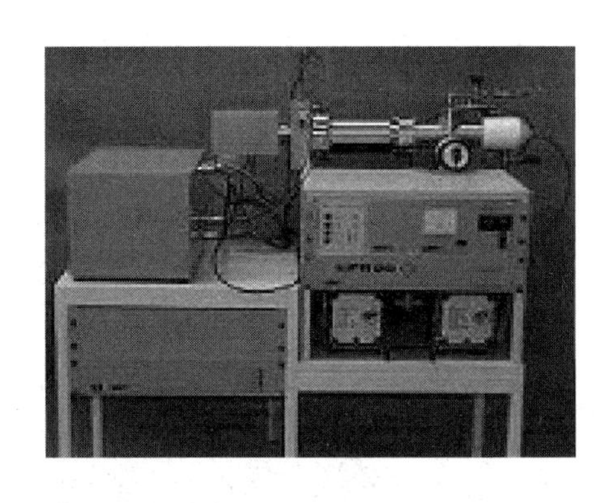

图 4-15　常压气体采样系统

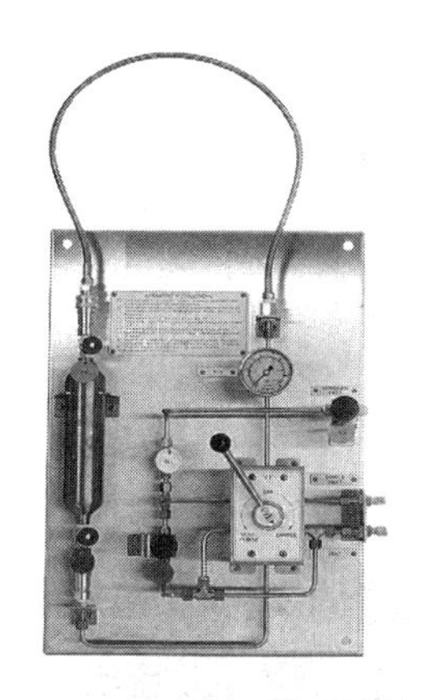

图 4-16　正压气体采样系统

## 三、正压气体物料试样的采集

空气采样器的使用

正压气体是指气体压力远远高于大气压的气体。正压气体采样系统见图 4-16。

采取高压气体时一般需安装减压器，再连接采样器，采取一定体积的气体。

采取中压气体，可在导管和采样器之间安装一个三通活塞，将三通的一端连接放空装置或安全装置。也可用球胆直接连接采样口，利用设备管路中的压力将气体压入球胆。经多次置换后，采取一定体积的气样。

**安全提示**

① 在采样点附近，不应有潜在的着火因素和设施。

② 应准备足够的、适当的灭火器。

③ 采样时必须戴防护镜、穿防护服。

④ 任何泄漏都应报告并尽快排除。

## 四、负压气体物料试样的采集

负压气体是指气体压力远远低于大气压力的气体。低压气体自动采样装置见图 4-17。

将采样器的一端连到采样导管，另一端连到一个吸气器或抽气泵。抽入足量气体彻底清洗采样导管和采样器，先关采样器出口阀，再关采样器进口采样阀。

若采样器装着双斜孔旋塞，可在采样前用一个泵将采样器抽空：清洗采样器后，通过旋塞的开口端转到抽空管，然后在移去采样器之前转回到连接开口端。低压气体采样泵见图 4-18。

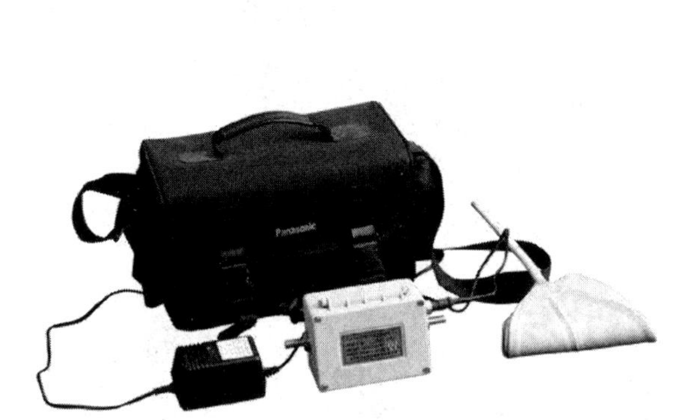


图 4-17　低压气体自动采样装置

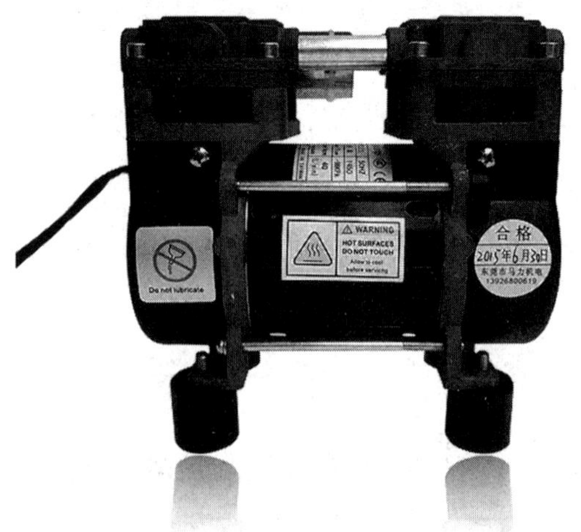


图 4-18　低压气体采样泵

**安全提示**

① 为了避免阀门开位卡住时可能导致气体的大量流出，采样设备应具有随时限制流出总量和流速的装置。

② 当需要用待采物料去清洗样品容器时，应准备适当的设施以处理那些清洗用过的物料。

③ 当在系统压力下采样时，所用的样品容器应经常定期检查，验证容器的使用压力是否和标记在容器上的压力相符合，容器必须专用。

## 五、液化气体的采样

液化气体即气体在加压或降温加压的情况下，可作为液体一样贮运和处理。几种不同类型的液化气体的采样方法如下。

### 1. 石油化工低碳烃类液化气体产品采样

根据检验需要的试样量，选用不同规格型号的采样钢瓶或卡式气罐采样。采样钢瓶应保持清洁干燥，对于非预留容积管型的采样钢瓶应在采样前称定其皮重。卡式气罐应用待采物料冲洗至少 3 次。用待采物料冲洗采样钢瓶后，采取液体样品约至采样钢瓶容积的 80%。

(1) 冲洗导管和采样器　冲洗导管和采样器如图 4-19 所示。冲洗导管和采样器的具体方法如下。

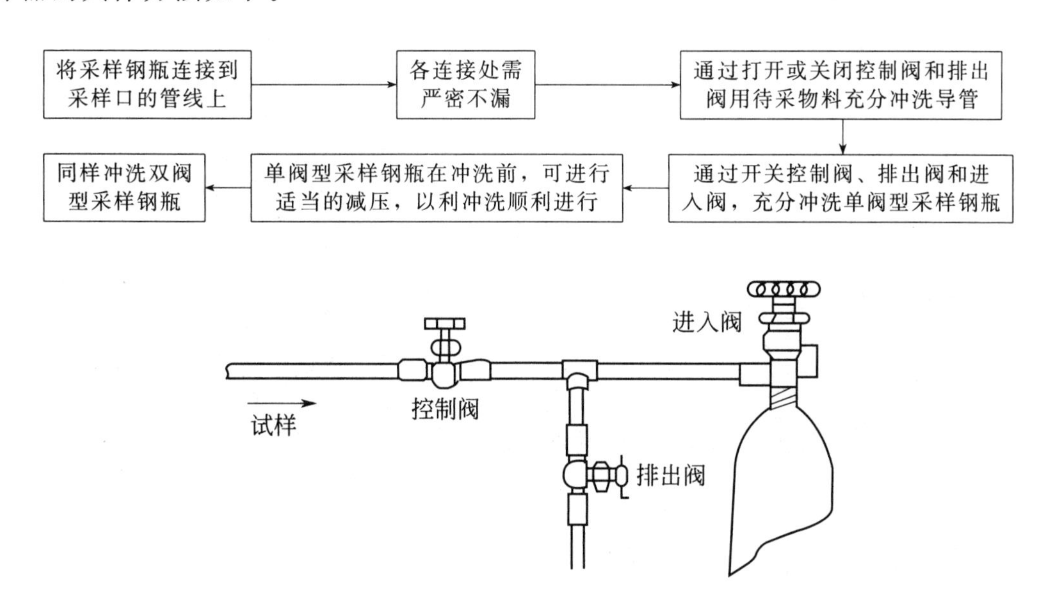


图 4-19　冲洗导管和采样器

（2）采取样品　冲洗后的单阀采样钢瓶经连接在排出阀上的真空抽气系统进行适当减压后，通过开关控制阀和进入阀采满液体样品，冲洗后的双阀型采样钢瓶通过开关控制阀、进入阀和排出阀采满液体样品。如图 4-20 所示。

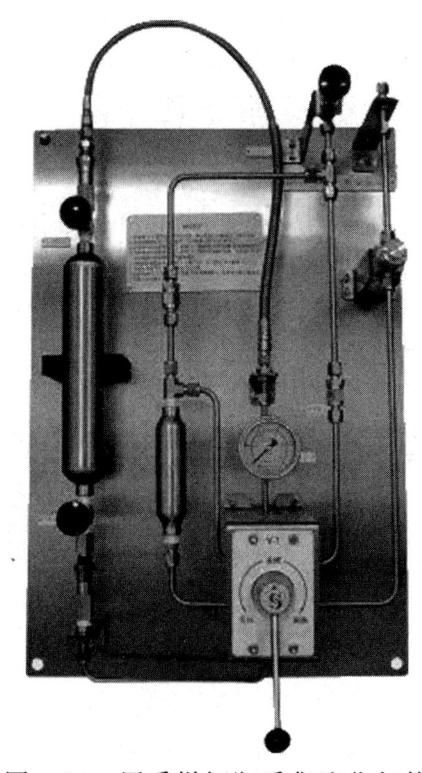

图 4-20　用采样钢瓶采集液化气体

（3）调整采样　取下采满液体样品的钢瓶，按下述方法调整采样量。

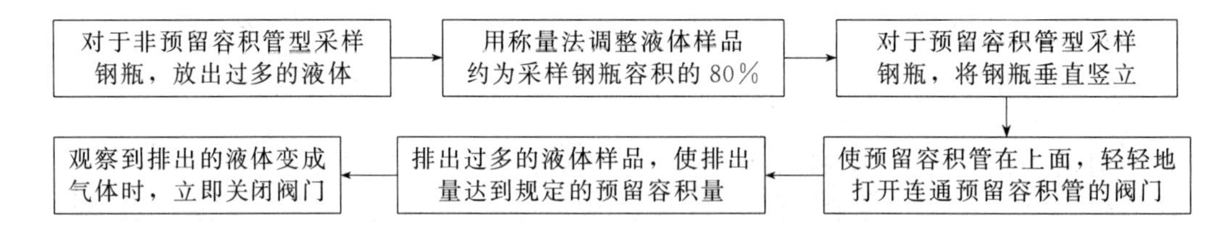


**安全提示**

① 样品容器应密闭，以防止物料损失或挥发。

② 样品防止受热和振荡。

③ 在离开现场之前，盛装容器应密封好。

**2. 有毒化工液化气体产品采样**

有毒化工液化气体产品（以液氯为例）的采样方法：使用带有一长一短双内管连通双阀门瓶头的液氯钢瓶，根据计算好的短内管长度可采得预留容积为液氯钢瓶容积12%～15%的液氯样品。采样方法分为装车管线采样方法和卸车管线采样方法。

（1）装车管线采样方法　具体采样方法如下。装车管线法采集有毒化工液化气体产品如图4-21所示。

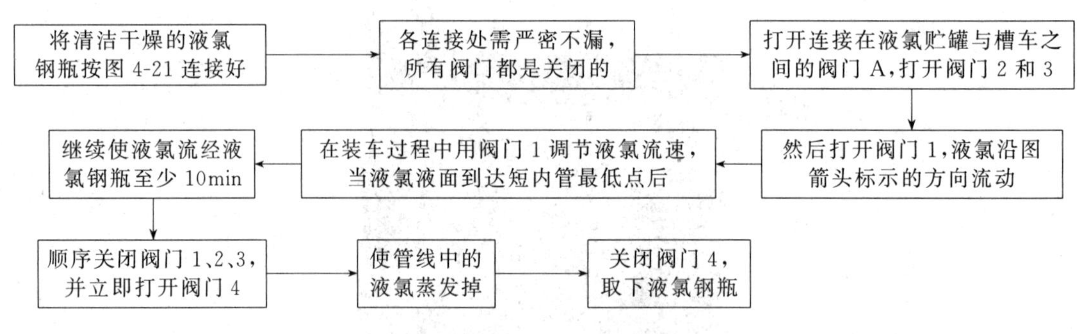


（2）卸车管线采样方法　具体采样方法如下。卸车管线法采集有毒化工液化气体产品如图4-22所示。

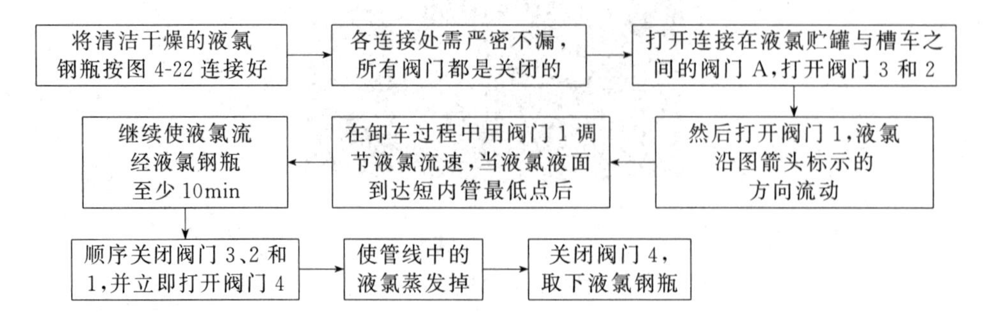

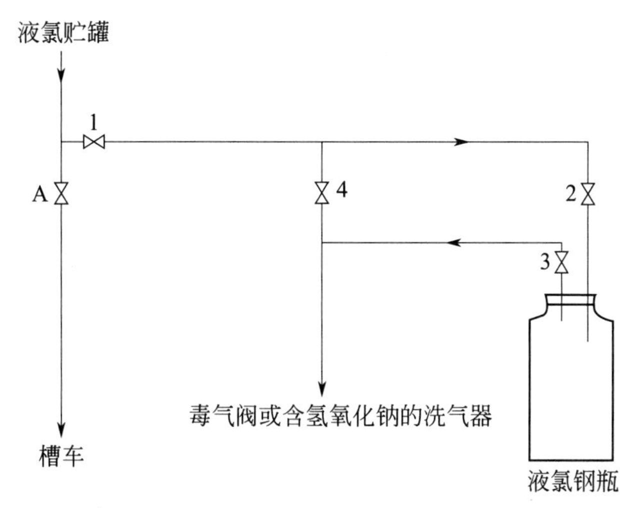


图 4-21　装车管线法采集有毒化工液化气体产品

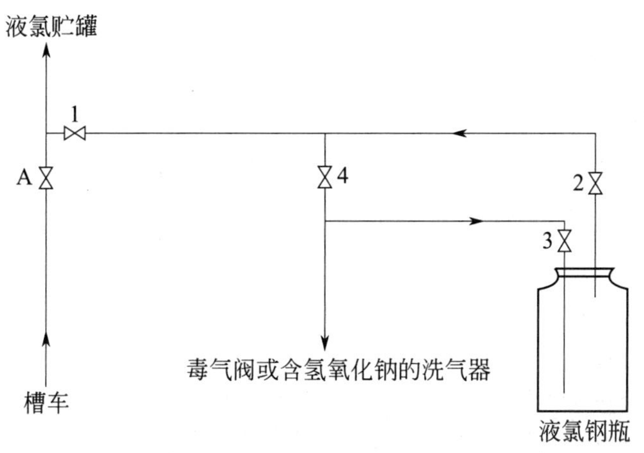


图 4-22　卸车管线法采集有毒化工液化气体产品

**安全提示**

① 必须配备和穿戴适当的防护用品。

② 沾污的衣服要立即脱掉。

③ 采样者应该有第二者的陪伴，此人的任务是确保采样者的安全。

### 3. 低温液化气体产品采样

使用隔热良好的金属杜瓦瓶通过延伸轴阀门从贮罐中采取低温液化气体（例如液氮、液氧和液氢等）的液体样品。金属杜瓦瓶使用前应保持清洁、干燥。安装在隔热良好的贮罐上的采样点如图 4-23 所示，采样阀门应使用闸阀或球形阀，此阀门需装有轴密封盘根，把轴从液体中延伸出来以防冻结。

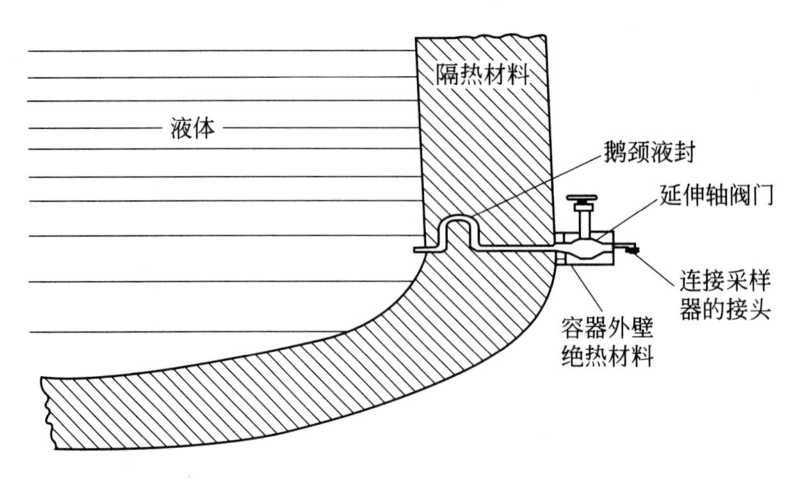


图 4-23　低温液化气体样品的采集

如图 4-23 所示，在采样管线靠近液体处有一鹅颈液封，当阀门关闭后此鹅颈液封可防止液体进入阀门，阀门的末端安装一个接头供连接采样器用。根据对样品要求的不同，可使用下述方法之一采取液体样品。

（1）直接注入法　允许样品与大气接触的可使用此采样方法。由于注入速度快，样品中易挥发组分蒸发损失很少。

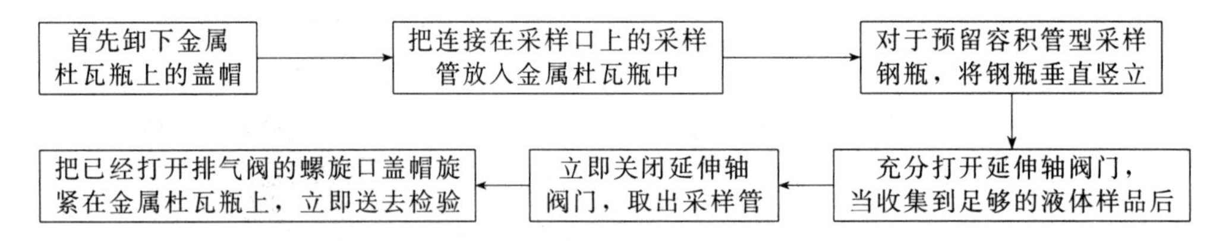


（2）通过盖帽注入法　不允许样品与大气接触的可使用此采样方法，因注入速度慢，由于蒸发造成的易挥发组分的损失较大。

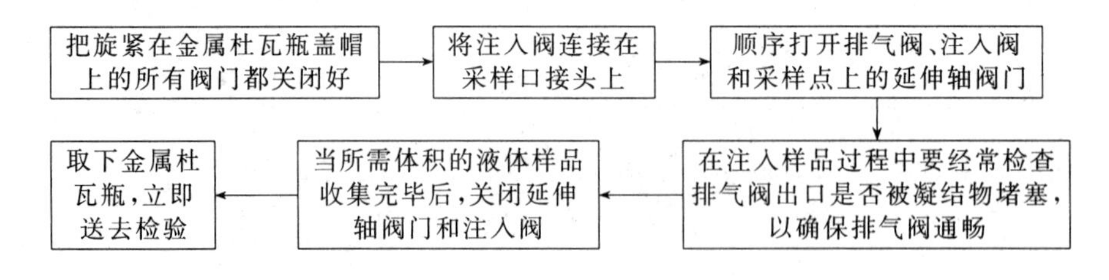


**安全提示**

除了为排出液体样品用于检验时关闭排气阀外，自采得液体样品后，排气阀应始终打开，以防金属杜瓦瓶中压力增大造成危险。

知识链接

**采集气体样品时的注意事项**

气体样品由于其特殊性，在采集时也要特别小心，以下是要注意的方面：

1. 采样员应熟悉各种液化气的潜在危险及安全技术。采样时严防爆炸、火灾、窒息、中毒、腐蚀、冻伤等事故发生。

2. 采样瓶应按照国家质量监督检验检疫总局发布的《气瓶安全监察规程》中的有关规定定期地进行技术检验。经检验符合规定压力的水压试验和气密性试验后，方准使用。

3. 采样时，采样钢瓶不能装满，通常只装至其容积的80%，严防试样中低沸点组分挥发和外界杂质进入样品中，导致危险发生。

4. 采样区应有良好通风，远离火源。装有样品的采样器应防止高温、曝晒，应存放在阴凉处。

5. 对极低温液化气体液氢、液氦的采样，应用特殊采样器。

6. 采样时，应观察样品容器是否有破损、污染、泄漏等现象，容器标记是否符合规定。有异常现象时必须记录。

讨论与交流

① 气体化工产品有几种？

② 气体样品的采集类型有几种？

③ 常压气体用什么采样工具？如何采集？

④ 简述石油化工低碳烃类液化气体产品采样的程序。

⑤ 装车管线法与卸车管线法采集有毒化工液化气样品的区别是什么？

⑥ 采集低温液化气的注意事项有哪些？

# 知识三　气体样品的处理和保存

知识目标

- 了解气体样品采样时误差的产生；
- 掌握误差的消除方法。

## 能力目标

- 掌握气体样品的处理方法；
- 掌握气体样品的贮存方法。

## 素质目标

- 采样时要遵循实事求是、精益求精的科学精神；具有从事本专业工作的职业道德；
- 具备继续学习、自我提高及终身学习的理念；
- 对气体样品的处理和贮存时，要保持和增强对科学的好奇心与探究欲，发展学习兴趣。

## 一、采样误差的产生原因和消除办法

在采样前应预先分析产生误差的原因，从而采取措施使误差减少到最低程度。如表4-3所示。

**表4-3　采样误差产生的原因及消除方法**

| 序号 | 误差产生的原因 | 消除的方法 |
|---|---|---|
| 1 | 因分层引起组成的变化 | 避免在气体静止点采样 |
| 2 | 漏气 | 在采样前应严格试漏 |
| 3 | 流速变化 | 对流速进行补偿和调整 |
| 4 | 系统不稳定引起的误差：如热的气体采样后在管内燃烧、爆炸或腐蚀管道；气体冷却到露点以下凝结并失去液体成分；气体中某些成分被液体溶解或被管壁吸收 | 以合适的冷凝或加热部件控制采样系统的温度，可减少这些因素所造成的误差 |
| 5 | 采样导管过长引起采样系统的时间滞后，这样取得的样品没有代表性 | 应尽量采用短的、孔径小的导管。连续采样时，可加大流速；间断采样时，应在采样前彻底吹洗导管 |
| 6 | 封闭液造成的误差 | 先用样品气将封闭液饱和，以封闭液充满样品容器，然后用样品气将封闭液置换出去，从而在样品容器中充满了样品气，完成采样操作 |

## 二、气体样品的处理

为了使气体符合某些分析仪器或分析方法的要求，需将气体样品加以处理。处理包括过滤、脱水和改变温度等。

**1. 过滤**

装一个过滤器或阱，可分离灰、湿气或其他有害物，但应以试验证实所用的过滤材料不会改变被测物的组成。颗粒的分离装置主要包括以下几种。

（1）栅网、筛子或粗滤器　可用金属织物、多孔板、烧结块或熔渣物、层片物质制成，能机械地截留较大的颗粒（粒径大于 2.5μm）。粗滤器如图 4-24 所示。

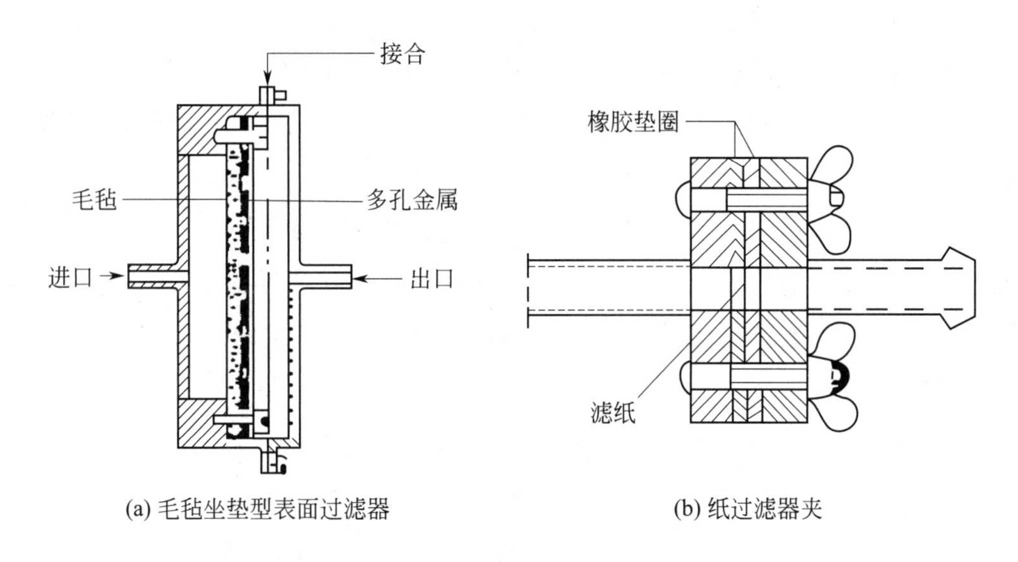


(a) 毛毡坐垫型表面过滤器　(b) 纸过滤器夹

图 4-24　粗滤器

（2）过滤器　由金属、陶瓷或天然与合成纤维的多孔板制成。筒状过滤器如图 4-25 所示。

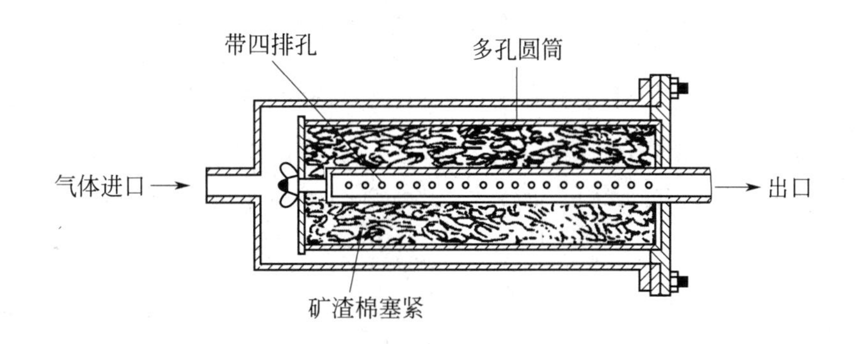


图 4-25　筒状过滤器

（3）各种专用的装置　冲击器、鼓泡器、洗涤器、旋风分离器等。为防止过滤器堵塞，常采用滤面向下的过滤器装置。

**2. 脱水方法**

脱水方法的选择一般随样品组成而定。脱水方法有以下四类。

（1）化学干燥剂　常用的有氯化钙、硫酸、五氧化二磷、过氯酸镁、无水碳酸钾和无水硫酸钙。

（2）吸附剂　比表面积大，通常为物理吸附。常用的有硅胶、活性氧化铝及分子筛。吸附剂的吸附能力取决于使用前的干燥度、气体进入的状态、使用的压力和温度。吸附剂可能吸附气体的其他成分。该成分在以后的步骤中可能被气体的其他成分脱附或置换，影响气体样品的组成。吸附剂如图 4-26 所示。

(a) 变色硅胶

(b) 分子筛

图 4-26　吸附剂

（3）冷阱　对难凝样品，可在 0℃以上的冷凝器中缓慢通过脱去水分。过程的效率依赖于冷凝器的几何形状和工作状态，即气流速度和温度。其缺点是某些成分可能溶解于形成的冷凝液中。冷阱如图 4-27 所示。

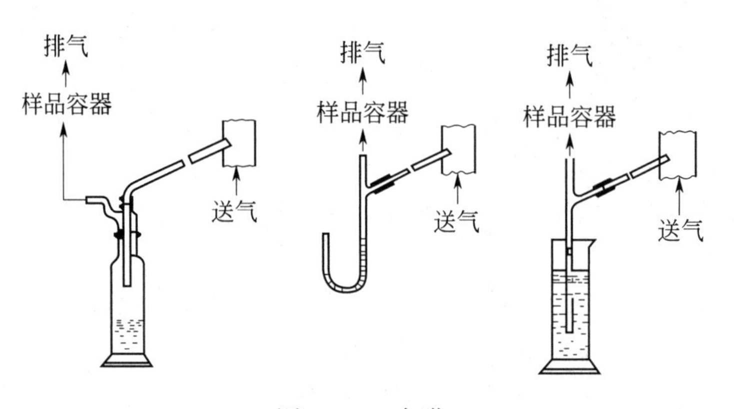


图 4-27　冷阱

（4）渗透　用半透膜让水分由一个高分压的表面移至分压非常低的表面。此膜形成一组管子，待干燥的气体在其中通过，干吹洗气在外夹套中通过。在正常操作条件下，有良好的选择性，但在每一种单独情况下需要校验气体的渗透性比水蒸气低。

**3. 改变温度**

气体温度高的需加以冷却，以防止发生化学反应。在可能冷凝为液体的场合，采样导管应往下倾斜连至冷阱（最小梯度 1/12）。

为了不使某些成分凝聚，有时也需加热，如煤气管旁用水蒸气加热以防萘等凝聚堵塞管道。

## 三、气体样品的贮存

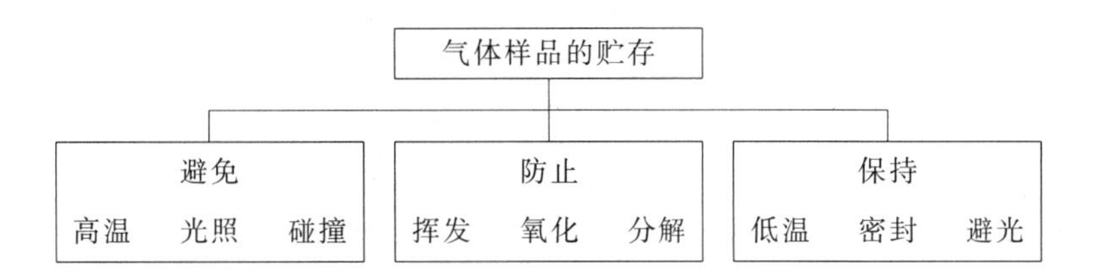


### 知识链接

**有毒气体**

有毒气体标志

有毒气体，顾名思义，就是对人体产生危害，能够致人中毒的气体。

常见的有毒气体有一氧化碳、二氧化硫、氯气 、化学毒气、光气 、双光气、氰化氢、芥子气、路易斯毒气、维克斯毒气（VX）、沙林（甲氟磷异丙酯）、毕兹毒气（BZ）、塔崩(tabun)、梭曼（soman）等。有毒气体一般分为神经性麻痹毒气、呼吸系统麻痹毒气、肌肉麻痹毒气三种。

人们在中毒时表现出来的反应为头晕、恶心、呕吐、昏迷，也有一些毒气使人皮肤溃烂，气管黏膜溃烂。深中毒状态为休克，甚至死亡。

在对有毒气体采样时，需格外注意安全。

### 讨论与交流

① 产生采样误差的因素有哪些？如何消除？

② 颗粒的分离装置主要有哪些？

③ 气体样品的脱水方法有哪些？

④ 怎样进行试漏操作？

⑤ 气体样品采集时的注意事项有哪些？

⑥ 气体样品如何贮存？

# 任务一　室内环境空气样品的采集与制备

## 任务目标

室内环境空气样品的采集与制备。

## 任务描述

某职业技术学校新盖一栋6层的学生宿舍楼，每层80间宿舍，共480间。每间宿舍的面积是8$m^2$，该宿舍楼已竣工一周，现对宿舍内环境空气中的甲醛进行检测，验证其甲醛含量是否达标。

## 任务实施

### 一、最少抽样件数的计算

民用建筑工程验收时，抽检有代表性的房间室内环境空气中的甲醛，抽检数量不得少于5%，现按5%来计算：

采样单元数$n$=480间×5%=24间（逢小数就进位，取整数。）

### 二、采样单元位置（根据随机数表标出）

根据查随机数表，采样单元位置分别是：394、315、297、440、454、128、134、359、435、246、60、203、384、479、146、117、3、230、192、379、437、142、460、260（共24个数）。（见附录随机数表，例：如起点是第6行、第5列，就找到随机数表中39，由于样品总数是480，三位数，因此以三位数为一例，起点数据是394，通常以列方向往下数，如有超过480的数，跳过，不足换成下一列，重复数据删掉。）

### 三、采样数量及布点位置

室内环境空气采样作业指导书中规定如下。

民用建筑工程验收时，室内环境污染物浓度检测点应按房间面积设置：房间使用面积小于50$m^2$时，设1个检测点；房间使用面积为50～100$m^2$时，设2个检测点；房间使用面积大于100$m^2$时，设3～5个检测点。

具体布点时，当房间里只布一个点，尽量在房间中心位置；2～3个点布在最长对角线上；4个点则以正三边形加中心点；5个点同理。当面积较大时，以

$50m^2$ 分割小块布点。

根据上述规定，采样点的数目就是最少抽样件数（24），布点位置是在每个房间的中心位置。

采样量：甲醛以 0.5L/min 采样，采样时间为 20min，采样体积为 10L。

## 四、采样操作及注意事项

1. 采样工具

空气采样器、吸收管。

2. 采样操作

在采样地点打开吸收管，与空气采样器入气口垂直连接，以 0.5 L/min 的速度抽取 10L 空气。采样后，应将吸收管的两端套上塑料帽，并记录采样时的温度和大气压。样品在室温下保存，于 24h 内分析。

3. 采样安全

① 采样前要对所有设备安全装置、防护设施等进行检查，同时必须正确佩戴和使用劳动防护用品。

② 采样必须两人进行，注意风向，站在进风口相互呼应照顾，必要时打开呼吸机，并注意周围是否有人上下严禁独自工作，防止发生煤气中毒事故。

③ 采样时，人应站在采样孔一侧，用氧气灼烧取样孔时，应自上而下进行接触和回声，禁止用氧气吹扫机体或取样机。

④ 仪器安装和分析过程中，要小心防止损坏和伤害分析后的残余气体必须排放到室外，以降低室内的一氧化碳含量。

## 五、采样标签和采样原始记录

1. 采样标签

| 样品名称 | 宿舍中甲醛含量 |
|---|---|
| 生产企业名称 | 职业技术学校 |
| 样品规格(或型号、等级) | 一级 |
| 样品批量 | 480 间，每间 $8m^2$ |
| 样品批号 | 20211108 |
| 布点方式 | 对角线布点 |
| 大气压力 | 1atm(1atm=1.01×$10^5$Pa) |
| 温度 | 10℃ |
| 相对湿度 | 58% |
| 生产日期 | 2021 年 11 月 8 日 |
| 采样日期 | 2021 年 11 月 10 日 |
| 采样者姓名 | ×× |

2. 采样原始记录

| 样品名称 | 宿舍中甲醛含量 |
|---|---|
| 生产企业名称 | 职业技术学校 |
| 样品规格(或型号、等级) | 一级 |
| 样品批量 | 480 间，每间 $8m^2$ |
| 样品批号 | 20211108 |
| 生产日期 | 2021 年 11 月 8 日 |
| 采样单元数 | 24 间 |
| 采样工具 | 空气采样器，吸收管 |
| 采样地点 | 宿舍楼 |
| 采样气候(温度等) | 晴(或雨，湿度) |
| 采样情况记录 | 正常(或有破损、沉淀等现象记录) |
| 采样日期 | 2021 年 11 月 10 日 |
| 采样者姓名 | ×× |

## 任务检查

### 小组讨论

☺职业技术学校新盖一栋 6 层的学生宿舍楼，每层 80 间宿舍，共 480 间。每间宿舍的面积是 $8m^2$，该宿舍楼已竣工一周，现对宿舍内环境空气中的甲醛进行检测，验证其甲醛含量是否达标。

① 最少抽样单元件数的计算。

② 确定抽样件的位置，符合随机抽样要求（见附录随机数表，设抽样件的起始位置是第 4 行、第 6 列）。

③ 请简述采取该样品时的采样工具；采样操作的具体步骤，同时列出采样时的安全要求。

④ 请书写采样原始记录、填写准确规范的采样标签。

## 任务评价

| 序号 | 观测点 | 评价要点 | 自我评价 |
|---|---|---|---|
| 1 | 计算最少抽样件数 | (1)最少抽样件数的计算公式的正确使用和准确计算<br>(2)计算结果小数是否取整数 | |
| 2 | 符合随机抽样要求，抽取件数的位置正确及随机数表标出的采样单元位置正确 | (1)读懂并正确使用随机数表<br>(2)正确并完整标出采样单元位置 | |

续表

| 序号 | 观测点 | 评价要点 | 自我评价 |
| --- | --- | --- | --- |
| 3 | 最少采样量确定 | (1)理解并正确计算检测样品和留样样品的数量<br>(2)理解单元样品采样量的估算 | |
| 4 | 采样操作、采样安全注意事项正确 | (1)采样工具的选择<br>(2)采样操作的规范<br>(3)采样个人安全防护正确 | |
| 5 | 采样原始记录、采样标签填写正确 | 采样信息填写齐全,如:样品名称、生产企业名称、样品规格(或型号、等级)、样品批量、样品批号、生产日期、采样单元数、采样工具、采样地点、采样气候(温度等)、采样情况记录、采样者姓名等 | |

# 任务二　液化石油气样品的采集与制备

## 任务目标

液化石油气样品的采集与制备。

## 任务描述

某化工有限公司成品仓库有同批罐装液化石油气产品，批量为500罐，批号20220623，生产日期2022-06-23，每罐体积为1000mL，进行一次全分析需试样量约600mL。

## 任务实施

### 一、最少抽样件数的计算

对于液化石油气交货或收货验收时，应记录产品的件数，按随机取样方法，对同一生产厂的相同包装的同批产品进行取样。取样件数按下表的规定采用。

| 产品件数 | 取样数 |
| --- | --- |
| 2～8 | 2 |
| 9～27 | 3 |
| 28～64 | 4 |
| 65～125 | 5 |

续表

| 产品件数 | 取样数 |
| --- | --- |
| 126～216 | 6 |
| 217～343 | 7 |
| 344～512 | 8 |
| 513～729 | 9 |
| 730～1000 | 10 |

注：来自 GB 11174—2011《液化石油气》。

查表得，总体物料的单元数为 344～512，选取的最少单元数为 8。

**二、采样单元位置（根据随机数表标出）**

根据查随机数表，采样单元位置分别是：394、315、297、440、464、128、134、359（共 8 个数）。（见附录随机数表，例：如起点是第 6 行、第 5 列，就找到随机数表中 39，由于样品总数是 500，三位数，因此以三位数为一例，起点数据是 394，通常以列方向往下数，如有超过 500 的数，跳过，不足换成下一列，重复数据删掉。）

**三、采样数量**

三次全分析需要样品量：

$$600\times3=1800(\text{mL})\longrightarrow \text{约放大至 } 1900\text{mL}$$

三次留样分析需要样品量：

$$600\times3=1800(\text{mL})\longrightarrow \text{约放大至 } 1900\text{mL}$$

总取样量为 3800mL，其中留样 1900mL，取样分析 1900mL。

每罐取样量：$3800\div8=475(\text{mL})\longrightarrow$ 约放大至 500mL（数据可适当大一些。）

每单元样品采样量是 500mL，总需采样量为 $500\times8=4000(\text{mL})$。（该数据是参考值，适当大一些也可以。）

**四、采样操作及注意事项**

1. 采样工具

采样器、采样管。

① 采样器应用适宜等级的不锈钢制成，它可以制成单阀型或双阀型，排出管型或非排出管型。采样器的大小可按试验需要量确定。

② 采样器应能耐压约 3.1MPa 以上，并定期进行约 2.0MPa 气密试验。

③ 采样器由铜、铝、不锈钢、尼龙或其他金属做成的软管。采样管末端的一段装有两个针形阀——控制阀 A 和排出阀 B，它由不锈钢或耐腐蚀金属制成。

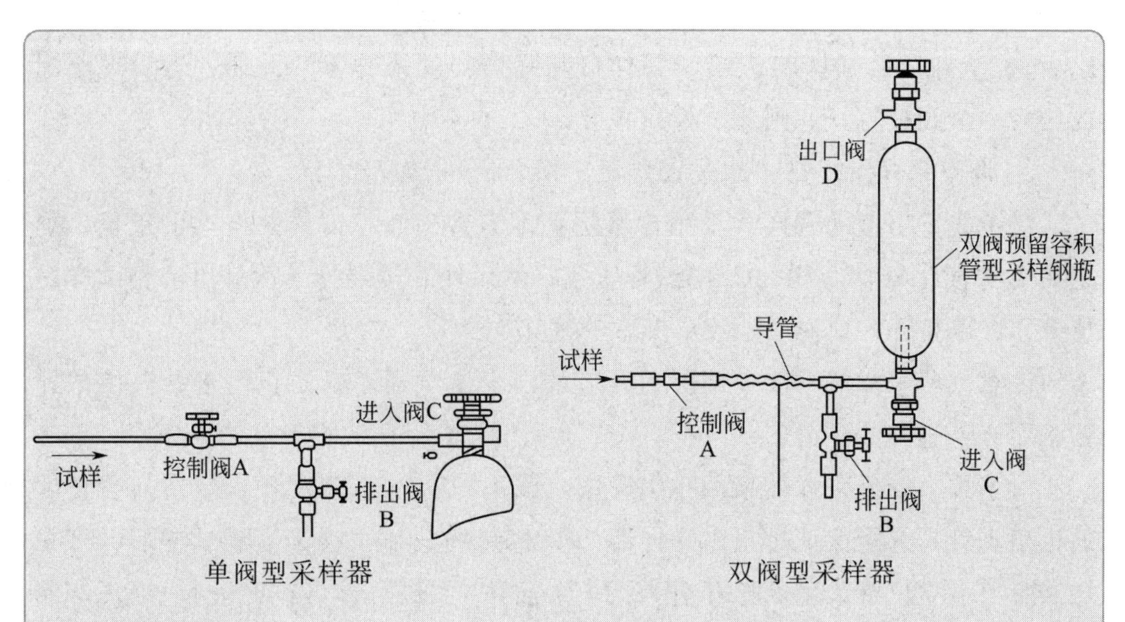


2. 采样操作

（1）采样准备

① 采样器的准备。按试验所需的试样量，选择好采样器。采样器应保持清洁、干燥。对于非排出型的采样器，应先称出其皮重。

② 冲洗采样管。将采样器的进入阀 C 与采样管连接好，关闭控制阀 A、排出阀 B 和进入阀 C，打开采样口的阀，再打开控制阀 A 和排出阀 B，用试样冲洗采样管。

③ 冲洗采样器

• 对于单阀型（包括排出管型）采样器，冲洗采样管后，关闭采样管的排出阀 B，打开进入阀 C，让液相试样部分地注满单阀采样器，关闭控制阀 A，打开排出阀 B，排出一部分气相试样，再将采样器颠倒过来，让残余的液相试样通过排出阀 B 排出，重复上述冲洗操作至少三次。

• 对于双阀型采样器，将其置于直立位置，出口阀 D 在顶部，当采样管冲洗完毕后，关闭排出阀 B 和进入阀 C，打开控制阀 A，然后缓慢地打开进入阀 C，打开出口阀 D，让液相试样部分地充满容器，关闭控制阀 A，从出口阀 D 排出部分气相试样，再关闭出口阀 D，并用打开排出阀 B 的方法排出液相试样的残余物，重复此冲洗操作至少三次。

（2）采样

① 当最后一次冲洗采样器的液相残余物排完后，立即关闭排出阀 B，打开控制阀 A 和进入阀 C，并用液相试样充满容器，关闭进入阀 C 和控制阀 A，打开排出阀

B，待完全卸压后，拆卸连接于采样口和采样器的采样管。此后，若发现泄漏或任何一个阀被打开，则该试样应报废。

② 调整采样量：排出超过采样器容积80%的液相试样。

对于非排出型的采样器采用称量法：称出盛满液相试样采样器的重量，确定在20℃时采样器容积80%的试样重量；然后使采样器处于能排出液相试样的位置，微微打开入口阀C，放出多余的试样。

注意：若采样器不能立即称重，应放出少量试样，以防止由于升温使试样膨胀而产生过大的压力。

对于排出管型采样器采用排出管法：该采样器连通进入阀C装有适当长度的排出支管，它能保证排出占采样器20%容量的液体试样，灌满试样后，将采样器置于直立位置，稍微打开进入阀C，液体立即排出，当蒸气刚一出现，便关闭进入阀C，如果打开进入阀C后，没有液相试样排出，则此试样应报废，并重新采样。

（3）泄漏检查　在排去规定数量的液体后，把容器浸入水浴中检查是否泄漏，在采样期间，如发现泄漏，则试样报废。

（4）试样保管　试样应尽可能置于阴凉处存放，直至所有试验完成为止，要注意防止阀的偶然打开或意外碰坏。

3. 采样安全

① 采样人员应避免液化石油气接触皮肤，应戴上手套和防护眼镜，避免吸入蒸气。

② 液化石油气排出装置会产生静电，在采样前直至采样完，设备应接地或与液化石油气系统连接。

③ 在清洗采样器和排出采样器内样品期间，处理废液及蒸气时要注意安全，排放点必须有安全设施并遵守安全及环保规定。

## 五、采样标签和采样原始记录

1. 采样标签

| 样品名称 | 液化石油气 |
|---|---|
| 生产企业名称 | ××化工有限公司 |
| 样品规格(或型号、等级) | 化学纯 |
| 样品批量 | 500罐,每罐1000mL |
| 样品批号 | 20220623 |
| 生产日期 | 2022年6月23日 |
| 采样日期 | 2022年6月25日 |
| 采样者姓名 | ×× |

## 2. 采样原始记录

| 样品名称 | 液化石油气 |
|---|---|
| 生产企业名称 | ××化工有限公司 |
| 样品规格(或型号、等级) | 化学纯 |
| 样品批量 | 500罐,每罐1000mL |
| 样品批号 | 20220623 |
| 生产日期 | 2022年6月23日 |
| 采样单元数 | 8瓶 |
| 采样工具 | 采样器　采样管 |
| 采样地点 | 成品仓库 |
| 采样气候(温度等) | 晴(或雨,湿度) |
| 采样情况记录 | 正常(或有破损、沉淀等现象记录) |
| 采样日期 | 2022年6月25日 |
| 采样者姓名 | ×× |

## 任务检查

### 小 组 讨 论

某化工有限公司成品仓库有同批罐装液化石油气产品，批量为500罐，批号20220623，生产日期2022-06-23，每罐体积为1000mL，进行一次全分析需试样量约600mL。

① 最少抽样单元件数的计算。

② 确定抽样件的位置，符合随机抽样要求（见附录随机数表，设抽样件的起始位置是第4行、第6列）。

③ 每单元样品采样量、总需采样量的计算。

④ 采样工具、采样操作、混合、分装、采样安全。

⑤ 抽样记录、标签准确。

## 任务评价

| 序号 | 项目及分配 | 打分标准 | 扣分记录 | 得分 |
|---|---|---|---|---|
| 1 | 计算抽样件数正确(15分) | (1)计算错扣15分<br>(2)计算结果小数不进扣7分 | | |
| 2 | 符合随机抽样要求,抽取件数的位置正确及随机数表标出的采样单元位置正确(20分) | 每错一个单元位置扣1分(扣完为止) | | |
| 3 | 最少采样量正确(20分) | (1)小于最少采样量扣20分<br>(2)大于最少采样量10%扣10分 | | |

续表

| 序号 | 项目及分配 | 打分标准 | 扣分记录 | 得分 |
| --- | --- | --- | --- | --- |
| 4 | 采样操作及注意事项回答正确(20分) | (1)每错一个步骤扣2分<br>(2)采样注意事项不写扣10分 | | |
| 5 | 标签填写(10分) | 每少一项内容扣1分 | | |
| 6 | 采样记录(15分) | 每缺一项扣1分 | | |

本项目课件

## 练一练、测一测

### 一、填空题

1. 采集有毒化工液化气体产品如液氯等可用________。
2. 气体样品的类型有：__________、__________、__________和__________。
3. 有毒化工液化气体产品的采样方法分为__________和__________。
4. 气体处理的步骤包括__________、__________和__________。

### 二、选择题

1. 下面不属于玻璃样品容器的是（　　）。

A. 采样管　B. 玻璃注射器　C. 采样阀　D. 真空采样瓶

2. 颗粒分离的主要装置不包括（　　）。

A. 栅网　B. 筛子　C. 粗滤器　D. 吸附剂

### 三、判断题

1. 用水冷却金属采样器，可增加采样时发生化学反应的可能性。（　　）
2. 钢瓶必须定期做强度试验和气密性试验，钢瓶要专瓶专用。（　　）
3. 高压气体的采集应先减压至略高于大气压，再照略高于大气压的气体的采样方法进行采样。（　　）
4. 在采样之前必须严格试漏。（　　）
5. 采样时，采样钢瓶不能装满，通常只装至其容积的60%，严防试样中低沸点组分挥发和外界杂质进入样品中。（　　）

### 四、简答题

1. 气体的采样设备都有哪些？
2. 使用球胆采样时有哪些注意事项？
3. 流量调节装置是如何实现调节流量的？
4. 如何采集石油化工低碳烃类液化气体产品？
5. 怎样进行试漏操作？
6. 气体样品采集时的注意事项有哪些？

7. 气体样品如何贮存？

8. 产生采样误差的因素有哪些？如何消除？

## 五、计算题

某大学新盖一栋 6 层的学生宿舍楼，每层 80 间宿舍，共 480 间。每间宿舍的面积是 8m$^2$，该宿舍楼已竣工一周，现对宿舍内环境空气中的苯进行检测，验证其苯含量是否达标。

① 最少抽样单元件数的计算。

② 确定抽样件的位置，符合随机抽样要求（见附录随机数表，设抽样件的起始位置是第 6 行、第 5 列）。

③ 采样数量及布点位置。

④ 采样工具、采样操作、采样安全。

⑤ 抽样记录、标签准确。

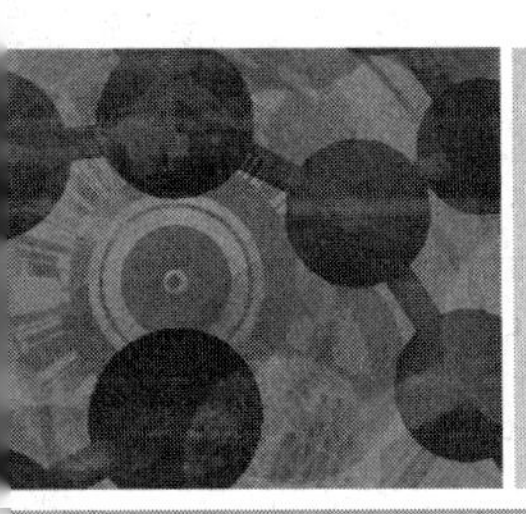

# 项目五 常用的试样分解方法

## 学习引导

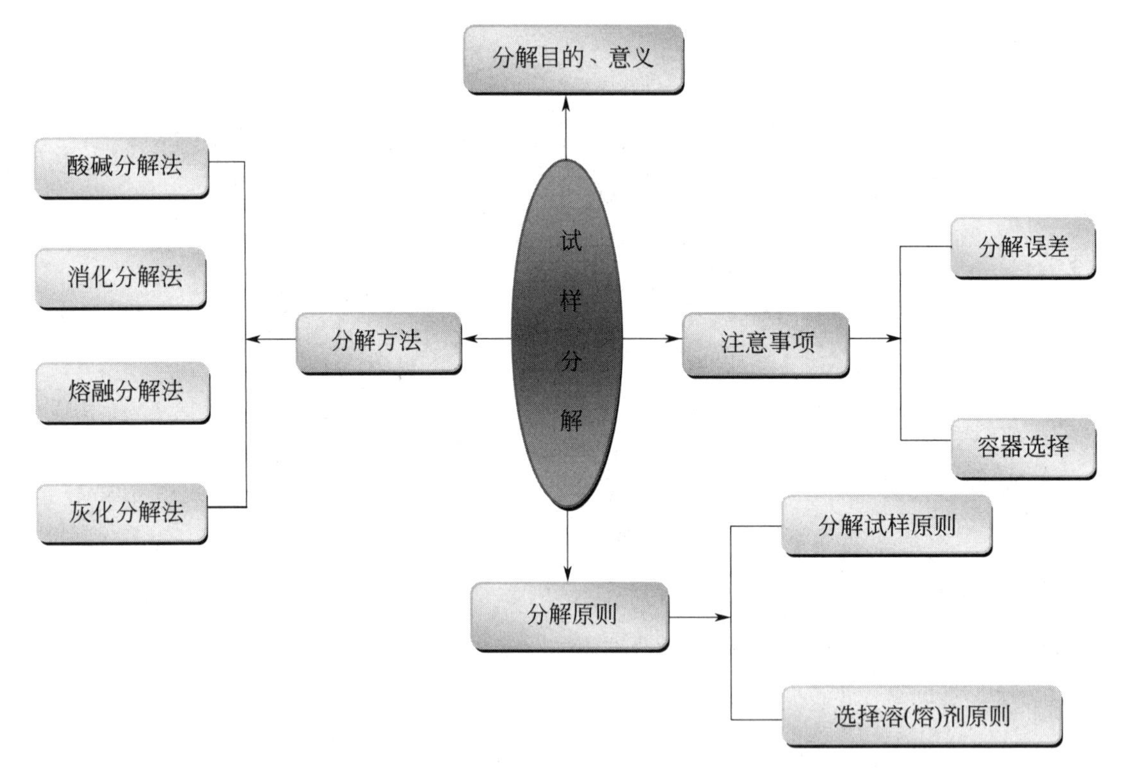


试样分解是分析检验中很重要的步骤，在一般分析工作中，通常先要将待测试样进行预处理，目的是将固体试样处理成溶液，或将组成复杂的试样处理成简单、便于分离和测定的形式。常用的试样分解方法有酸分解法、碱分解法、消化分解法、熔融分解法和灰化分解法等。了解各种试样的分解方法，对制订快速而准确的分析方法具有重要的意义。具体可根据试样的组成和特性、待测组分的性质和分析目的选择合适的分解方法。

在分解试样时必须遵循以下的原则和要求：

① 试样应分解完全（使试样各组分都溶解入溶液，无残渣）或有效分解

（使试样中待测组分溶解入溶液）；

② 分解方法应与分离方法相衔接；

③ 分解过程中待测组分不应有挥发、溅失等损失；

④ 分解过程中不应引入被测组分和干扰物质；

⑤ 分解过程对周围环境无污染；

⑥ 分解方法应快速、简便、成本低。

## 知识一　酸、碱分解法处理样品

### 知识目标

- 认识常用的酸、碱分解试剂的特点；
- 掌握常用酸、碱分解试剂的使用条件。

### 能力目标

- 能够正确取用酸、碱试样；
- 能正确使用相关的仪器设备，做好相应的防护措施；
- 会根据不同的样品合理选择不同的酸、碱分解试剂；
- 掌握酸、碱分解法处理样品的操作过程。

### 素质目标

- 具备继续学习、自我提高及终身学习的理念；
- 具有从事本专业工作的职业道德；
- 具备吃苦耐劳和诚实守信的品质；
- 提高学生的安全防范意识。

试样的品种繁多，所以各种试样的分解要采用不同的方法。对于试样中的主要成分为易溶性矿物质的样品可采用溶解法分解，即采用适当的溶剂，将试样溶解后制成溶液的方法。常用的溶剂有水、酸、碱或其他溶剂等。根据使用溶剂的不同可将溶解法分为酸分解法和碱分解法。

## 一、酸分解法

酸分解法也叫酸溶法，利用酸的酸性、氧化还原性和配位性使试样中的被测组分转入溶液。常用作溶剂的酸有盐酸、硝酸、硫酸、磷酸、高氯酸、氢氟酸以及它们的混合酸等。

### 1. 盐酸（HCl）

（1）基本性质　纯盐酸是无色液体，具有强酸性；$Cl^-$具有还原作用，同时具有强的配位作用，它是分解试样的重要强酸。

（2）分解对象　盐酸可溶解许多金属或其合金，许多金属氧化物、氢氧化物和碳酸盐类矿物，如 $CuO$、$MnO_2$、$Pb_3O_4$、$Al(OH)_3$、$BaCO_3$ 等，还能溶解部分硫化物，如 FeS、CdS 等。

（3）注意事项　分解试样宜用玻璃、陶瓷、塑料和石英器皿，不宜用金、铂、银等器皿。

### 2. 硝酸（$HNO_3$）

（1）基本性质　浓硝酸是无色液体，加热或受光的作用即可促使它分解。浓硝酸是最强的酸和最强的氧化剂之一，随着硝酸的稀释，其氧化性能亦随之降低，所以，硝酸作为溶剂，兼具酸的作用和氧化剂的作用，溶解能力强而且快。

（2）分解对象　除铂、金和某些稀有金属外，浓硝酸能分解几乎所有的金属试样（铁、铝、铬除外，因为浓硝酸将它们的表面氧化生成一层致密的氧化物薄膜，阻止了进一步的反应）；还能氧化许多非金属，使之成为酸，如硫、磷、碳等元素。

稀硝酸（溶剂）

可分解物质
① 可分解金属氧化物，如氧化铜、氧化铁、氧化锌等；
② 可分解非金属，如硫、磷、碳等；
③ 可分解金属，如铁、锌、铜等

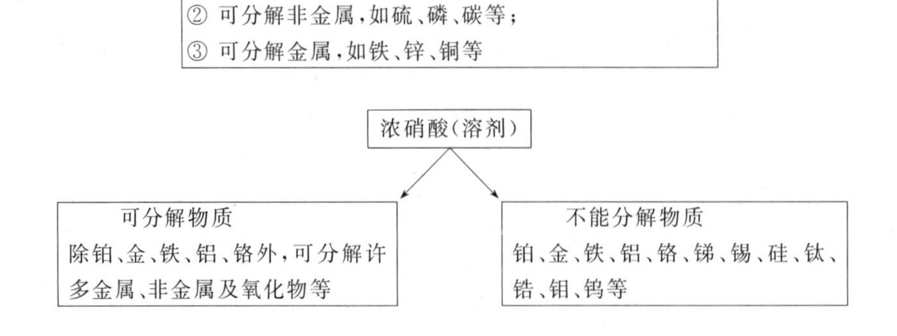

（3）注意事项　不宜分解硅、钛、锆、铌、钽、钨、钼、锡、锑样品，与这些样品反应，会生成沉淀析出。

**3. 硫酸（$H_2SO_4$）**

（1）基本性质　纯硫酸是无色油状液体，沸点较高（338℃）；浓硫酸具有强烈的吸水性，可吸收有机物中的水使碳析出，是一种强的脱水剂。在高温时，又是一种强的氧化剂；稀硫酸具有酸的通性，无氧化性。

（2）分解对象　稀硫酸常用来分解氧化物、氢氧化物、碳酸盐、硫化物、砷化物、萤石、独居石、铀、钛等矿物，还可溶解铁、钴、镍、锌等金属及其合金，但不能溶解含钙试样。

热的、浓硫酸可以分解金属及合金，如锑、氧化砷、锡、铅的合金等；另外，几乎所有的有机物都能被其氧化。

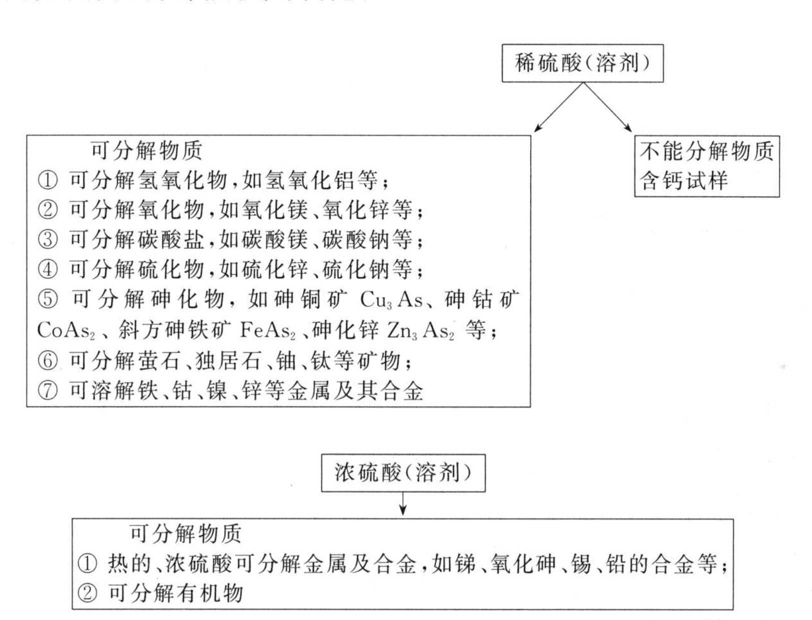


（3）注意事项　在配制稀硫酸时，必须将浓硫酸缓慢加入水中，并用玻璃棒不断搅拌以散热，切不可相反进行，否则由于放出大量热，水会迅速蒸发致使溶液飞溅。如沾到皮肤上要立即用大量水冲洗。

**4. 磷酸（$H_3PO_4$）**

（1）基本性质　纯磷酸是无色糖浆状液体，是中强酸，也是一种较强的高温时配位剂，能与许多金属离子生成可溶性配合物，在高温时分解试样的能力很强。

（2）分解对象　几乎90%的矿石都能溶于磷酸，包括许多其他酸不能溶解的铬铁矿、钛铁矿、铌铁矿、金红石等；同时对于含有高碳、高铬、高钨的合金也能很好地溶解；常用作某些合金钢的溶剂。

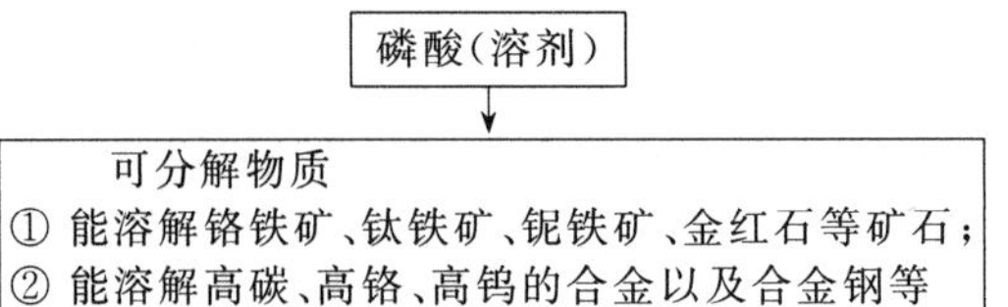


（3）注意事项　在单独使用磷酸对试样进行分解时，必须严格控制加热温度和加热时间，如加热温度过高，时间过长，$H_3PO_4$ 会脱水并形成难溶性的焦磷酸盐沉淀；并对玻璃器皿腐蚀严重；同时试样溶解后如果冷却过久，再用水稀释，会析出凝胶，导致实验操作失败。为了克服上述问题，应将试样研磨得更细一些、加热温度低一些、加热时间短一些，并不断地摇动，刚冒白烟时就应立即停止加热，同时溶液未完全冷却时，马上用水稀释；同时也可以将 $H_3PO_4$ 与 $H_2SO_4$ 等同时使用，既可以提高反应的温度条件，又可以防止焦磷酸盐沉淀析出，以防止上述问题出现。

**5. 高氯酸（$HClO_4$）**

（1）基本性质　高氯酸又名过氯酸，纯高氯酸是无色液体。浓高氯酸在常温时无氧化性，在热、浓的情况下它是强氧化剂和脱水剂；稀高氯酸没有氧化性，仅具有强酸性质。沸点为 203℃，用它蒸发可赶走低沸点酸。

（2）分解对象　常被用来溶解铬矿石、不锈钢、钨铁及氟矿石等；热的、浓高氯酸几乎能与所有金属反应，生成的高氯酸盐大多数都溶于水；能将金属氧化为最高氧化态，如：把铬氧化为 $Cr_2O_7^{2-}$，钒氧化为 $VO_3^{2-}$、硫氧化为 $SO_4^{2-}$，且分解速率快；同时能分解硫化物、有机碳、氟化物、氧化物、碳酸盐，以及铀、钍、稀土的磷酸盐等矿物。

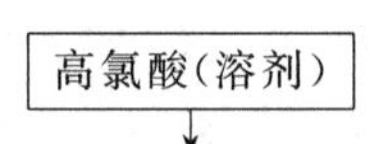


可分解物质
① 能溶解铬矿石、不锈钢、钨铁及氟矿石等；
② 能分解硫化物、有机碳、氟化物、氧化物、碳酸盐，以及铀、钍、稀土的磷酸盐等矿物；
③ 热、浓高氯酸可分解绝大多数金属

（3）注意事项　热、浓高氯酸遇有机物常会发生爆炸，当试样含有机物时，应先用浓硝酸蒸发破坏有机物，然后加入 $HClO_4$。蒸发 $HClO_4$ 的浓烟容易在通风道中凝聚，故经常使用 $HClO_4$ 的通风橱和烟道应定期用水冲洗，以免在热蒸气通过时，凝聚的 $HClO_4$ 与尘埃、有机物作用，引起燃烧和爆炸。浓度为 70%

的 $HClO_4$ 沸腾时（不遇有机物）没有任何爆炸危险。热、浓的 $HClO_4$ 造成的烫伤疼痛且不易愈合，使用时要十分小心注意。

高氯酸使用注意事项

**6. 氢氟酸（HF）**

（1）基本性质　纯氢氟酸是无色液体，是一种弱酸，它对一些高价元素有很强的配位作用，$F^-$ 可与 Al、Cr、Fe、Ga、In、Re、Sb、Ti、Zr 等高价元素离子形成稳定的配合物。

（2）分解对象　在加压和温热下，可分解绿柱石（铍铝硅酸盐）、尖晶石（镁铝氧化物）、电气石（镁铝铁硼硅酸盐）、锆石（$ZrSiO_4$）、石榴石（铝钙硅酸盐）、斧石（钙铝硼等硅酸盐）外的一切硅酸盐；可分解硅酸盐、磷矿石、银矿石、石英、铌矿石、富铝矿石和含铌、锗、钨的合金钢等试样；氢氟酸和大多数金属均能产生反应，反应后，金属表面生成一层难溶的金属氟化物，阻止进一步反应。因此，它常与 $HNO_3$、$HClO_4$、$H_2SO_4$、$H_3PO_4$ 混合作为溶剂，用来分解硅铁、硅酸盐以及含钨、铌的合金钢等。

氢氟酸（溶剂）

↓

可分解物质
① 可分解硅酸盐、磷矿石、银矿石、石英、铌矿石、富铝矿石等；
② 可分解含铌、锗、钨的合金钢等；
③ 它常与 $HNO_3$、$HClO_4$、$H_2SO_4$、$H_3PO_4$ 混合作为溶剂，用来分解硅铁、硅酸盐以及含钨、铌的合金钢等

（3）注意事项　HF 对人体有毒性和强腐蚀性，皮肤被氢氟酸灼伤溃烂，不易愈合，因此，实验室工作人员必须在有防护工具和通风良好的环境下进行操作，一旦沾到皮肤，一定要立即用水冲洗干净；氢氟酸能腐蚀玻璃、陶瓷等器皿，分解试样时，应在铂器皿或聚四氟乙烯塑料器皿中进行，不宜用玻璃、银、镍等器皿。

**7. 混合溶剂**

在实际工作中，常应用混合溶剂分解试样，混合溶剂具有更强的溶解能力，主要有如下几种。

（1）王水（3 份 HCl＋1 份 $HNO_3$）　王水是将浓盐酸与浓硝酸按 3∶1 的体积比混合，主要是利用硝酸的氧化能力和盐酸的配位能力，使其具有更好的溶解能力。它可以溶解单独用 HCl 或 $HNO_3$ 所不能溶解的贵金属如铂、金等以及难溶的 HgS 等物。

王水（3 份 HCl＋1 份 $HNO_3$）溶剂

↓

可分解物质
① 可溶解贵金属如铂、金等；
② 可溶解难溶的硫化汞（HgS）、硫化铜（CuS）、硫化亚铜（$Cu_2S$）、硫化银（$Ag_2S$）、硫化铅（PbS）、硫化锡（SnS）等

（2）逆王水（1 份 HCl＋3 份 $HNO_3$） 逆王水是将浓盐酸与浓硝酸按 1∶3 的体积比混合，可分解银（Ag）、汞（Hg）、钼（Mo）等金属及铁（Fe）、锰（Mn）、锗（Ge）等的硫化物。

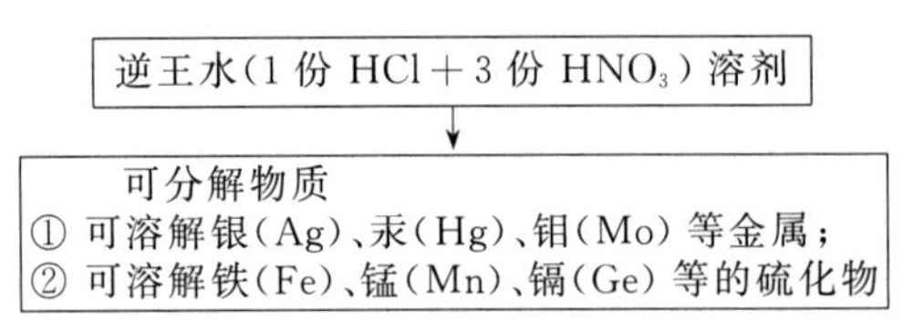


（3）硫王水 浓盐酸、浓硝酸、浓硫酸的混合物，称为硫王水，可溶解含硅量较大的矿石和铝合金。

硫王水（浓盐酸＋浓硝酸＋浓硫酸的混合物）溶剂

↓

可分解物质
① 可分解含硅量较大的矿石，如石英、云母等；
② 可分解铝合金

（4）$HF+H_2SO_4+HClO_4$ 可分解 Cr、Mo、W、Zr、Nb、Tl 等金属及其合金，也可分解硅酸盐、钛铁矿、粉煤灰及土壤等样品。

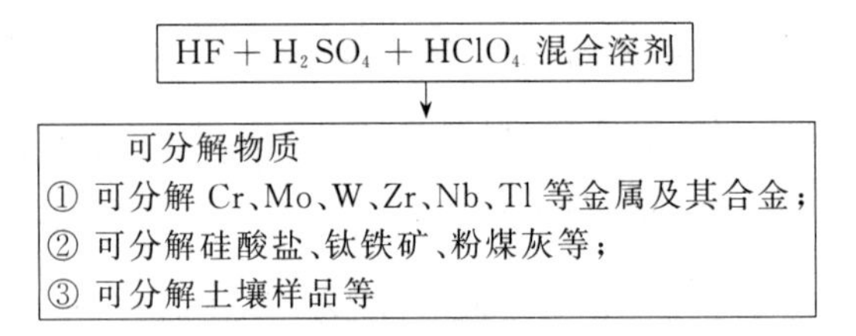


（5）$HF+HNO_3$ 常用于分解硅化物、氧化物、硼化物和氮化物等。

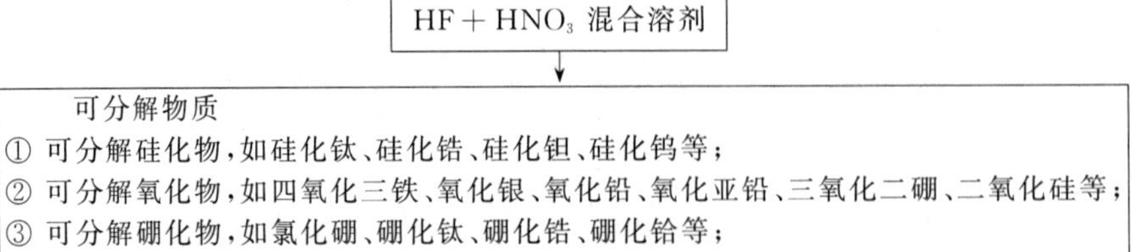


（6）$H_2SO_4+H_2O_2+H_2O$ $H_2SO_4$∶$H_2O_2$∶$H_2O$ 按 2∶1∶3（体积比）混合。可用于油料、粮食、植物等样品的消解。若加入少量的 $CuSO_4$、$K_2SO_4$ 和

硒粉作催化剂，可使消解更为快速完全。

$H_2SO_4 + H_2O_2 + H_2O$（按体积比 2∶1∶3）混合溶剂

↓

可分解物质

可用于油料、粮食、植物等样品的消解

（7）$HNO_3$+ $H_2SO_4$+ $HClO_4$（少量）　常用于分解铬矿石及一些生物样品，如动植物组织、动物排泄物和毛发等。

$HNO_3 + H_2SO_4 + HClO_4$（少量）混合溶剂

↓

可分解物质

① 可分解动植物组织、动物排泄物和毛发等；

② 可分解铬矿石等

（8）$HCl$+$SnCl_2$　主要用于分解褐铁矿、赤铁矿及磁铁矿等。

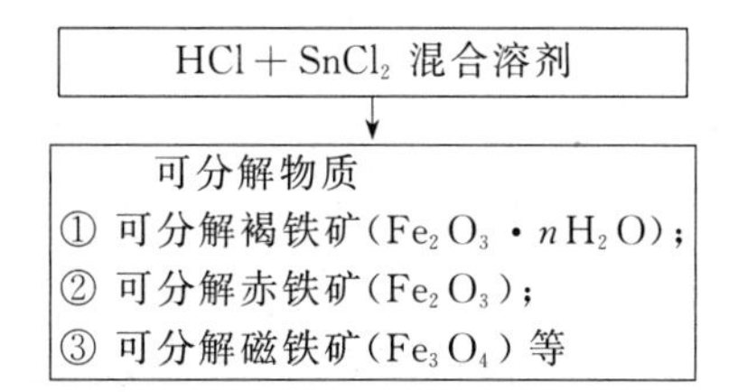


利用混合酸分解试样时的使用情况举例，见表 5-1。

**表 5-1　混合酸分解试样**

| 样品及质量 | 混合酸及比例 |
| --- | --- |
| 黄铁矿，0.5000g | 10～20mL 混合酸（浓 $HNO_3$∶浓 $HCl$=3∶1） |
| 铜合金，0.2500g | 2.5mL 浓 $HNO_3$+2.5mL 浓 $HCl$+5mL $H_2O$ |
| 硅钢，0.5000g | 10mL $HNO_3$(1+1)+10mL $HClO_4$(1.67g/mL) |
| 钢，0.5000g | 2.5mL 浓 $HNO_3$+5mL 浓 $HCl$+3mL $H_2O$ |
| 钼钢，1.0000g | 30mL 王水+6mL HF(40%) |

利用酸分解试样时要注意：在分解前应加少量蒸馏水润湿试样，以免酸与试样反应过于激烈，导致试样溅失或使有些试样出现成团现象，给试样分解造成困难，同时造成试样分解不完全。有些样品在分解前要预先进行焙烧，以促使试样分解完全。

## 二、碱分解法

碱分解法也叫碱溶法，是利用碱性物质的特性，使酸性氧化物或酸性中的被测组分转入溶液。其主要溶剂有 NaOH 或 KOH、碳酸盐和氨等。

**1. 氢氧化钠（NaOH）**

（1）基本性质　俗称烧碱、火碱、片碱、苛性钠，是一种具有高腐蚀性的强碱，一般为片状或颗粒形态，易溶于水并形成碱性溶液，同时易潮解，容易吸取空气中的水蒸气。

（2）分解对象　能够溶于 NaOH 溶液中的矿样很少，主要是酸性及两性氧化物，如可用浓度为 20%～30%的稀 NaOH 溶液溶解两性金属如铝、锌及其合金的氢氧化物或氧化物；还可以用浓的 NaOH 溶液溶解某些酸性或两性氧化物，如某些钨酸盐、磷酸锆和金属氮化物等。

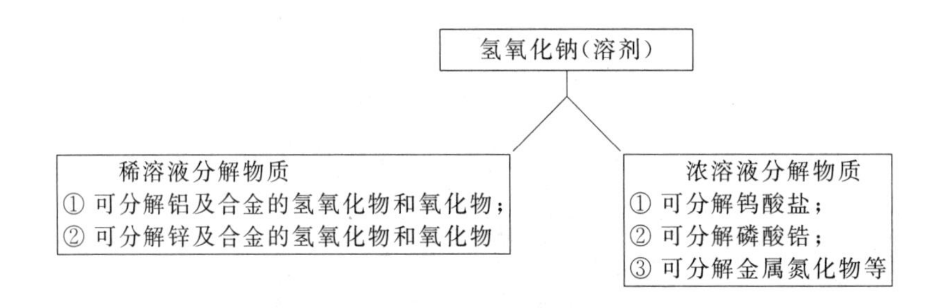


（3）注意事项　NaOH 固体易从空气中吸收二氧化碳而逐渐变成碳酸钠，必须贮存在密闭的铁罐或玻璃瓶等容器中；不能用玻璃塞盖住瓶口，原因是：

$$Si+2NaOH+H_2O = Na_2SiO_3+2H_2\uparrow$$

$$Si+2OH^-+H_2O = SiO_3^{2-}+2H_2\uparrow$$

对皮肤、织物、纸张等有强腐蚀性，使用时必须小心。

**2. 碳酸盐**

（1）基本性质　碳酸盐可分正盐 $M_2CO_3$ 和酸式盐 $MHCO_3$ 两类，是一种强碱弱酸盐，一般易溶于水。

（2）分解对象　浓的碳酸盐溶液能溶解可溶性硫酸盐如 $CuSO_4$、$CaSO_4$ 和不溶性硫酸盐如 $BaSO_4$ 和 $PbSO_4$ 等盐类物质。

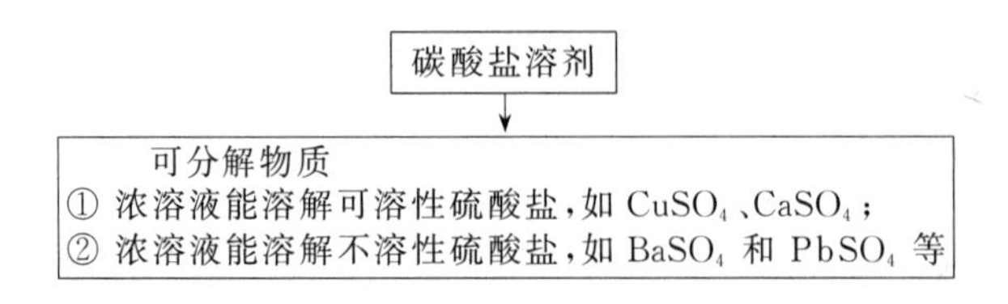

**3. 氨**

（1）基本性质　弱碱性物质，配位能力强，易挥发。

（2）分解对象　利用氨的配位作用分解铜、锌、镉等化合物。

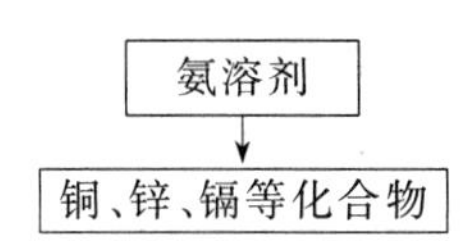


（3）注意事项　对许多金属会产生腐蚀，盛装时要注意容器的选用。

利用酸、碱分解法分解试样具有以下优点：分解时易提纯；易除去（除磷酸外）；对容器的腐蚀比熔融法小；操作简便快速。缺点是对某些复杂物质（如某些矿物）的分解能力差；分解过程中会造成某些元素的挥发损失。

**讨论与交流**

① 测定锌合金和铝合金中 Fe、Ni、Mn、Mg 的含量，应采用什么溶剂溶解试样？

② 在用酸作为分解试剂时，主要利用它们的什么性质起分解作用？

③ 简述 HCl、$HNO_3$、$H_2SO_4$、NaOH 等溶剂在分解试样中的作用，在使用这些溶剂对试样进行分解时，需要注意哪些问题？

## 知识二　消化分解法处理样品

**知识目标**

- 认识常用的消化分解试剂的特点；
- 掌握常用试剂的使用条件及操作注意事项。

**能力目标**

- 会根据不同的样品合理选择消解体系分解试样；
- 能正确使用相关的仪器设备，做好相应的防护措施；
- 掌握消化分解法的操作流程。

**素质目标**

- 培养学生的实践操作能力；
- 培养学生实事求是的科学精神；
- 具有一定的竞争意识和团队合作精神；
- 具备协调人际关系的能力。

消化分解法也称消解，或称酸消化法，它是将待分解试样与酸（如硫酸、硝酸或混合酸）、氧化剂（如高锰酸钾、过氧化氢等）、催化剂等共同置于回流装置或密闭装置中，在加热状态下，将待测物中的待测元素转化为可测定形态的分解方法。

常用的强氧化剂有浓硝酸、浓硫酸、高氯酸、高锰酸钾、过氧化氢等。

常用的几种强酸的混合物有硝酸-硫酸、硝酸-高氯酸、硝酸-高氯酸-硫酸、高氯酸（或过氧化氢）-硫酸等。

常用的仪器设备有电热板、马弗炉、高温马弗炉、凯氏烧瓶等。

## 一、方法介绍

### 1. 硝酸-高氯酸

（1）基本性质　$HNO_3$ 具有强的氧化力，热的浓 $HClO_4$ 是最强的氧化剂和脱水剂，能将组分氧化成高价态。加热时生成无水 $HClO_4$，可进一步与有机质作用，使有机物很快被氧化分解成简单的可溶性化合物，二氧化硅则脱水沉淀。

（2）分解对象　食品中铁、镁、锰的测定；土壤中硒的测定；有机肥料铜、锌、铁、锰的测定等。

### 2. 硝酸-硫酸

（1）基本性质　两种酸都有较强的氧化能力，其中 $HNO_3$ 沸点低，而 $H_2SO_4$ 沸点高（338℃）；热的浓 $H_2SO_4$ 具有强的脱水能力和氧化能力，可以比较快地分解试样，破坏有机物；两者结合使用，可提高消解温度和消解效果。

（2）分解对象　水质中铜、总铬，食品中锗的测定都可以采用此种方法来进行消解。

### 3. 硫酸-过氧化氢

（1）基本性质　过氧化氢是一种强氧化剂，可将有机物经脱水炭化、氧化分解，变成 $CO_2$ 和 $H_2O$，使有机氮和磷转化为铵盐和磷酸盐。

（2）分解对象　肥料中总氮、总磷、总钾的测定，样品的消化均采用 $H_2SO_4$-$H_2O_2$ 消解法进行消解。

**4. 硫酸-重铬酸钾**

（1）基本性质　重铬酸钾是强氧化剂，具有较强的腐蚀性。应与易燃或可燃物、还原剂、硫、磷、酸类等分开存放。搬运时要轻装轻卸，防止包装及容器损坏。

（2）分解对象　生物试样中的卤素元素的测定。如动物内脏中氯的测定。

## 二、仪器设备

**1. 电热板**

主要用于定量分析煮沸溶液、陈化沉淀、蒸发、干涸等化验作业，是化学分析的常用电热设备之一，如图 5-1 所示。

**2. 马弗炉**

温度较高，最高使用温度可达 950～1200℃，用于不需要控制气氛、只需加热物料的情况，如图 5-2 所示。

图 5-1　电热板

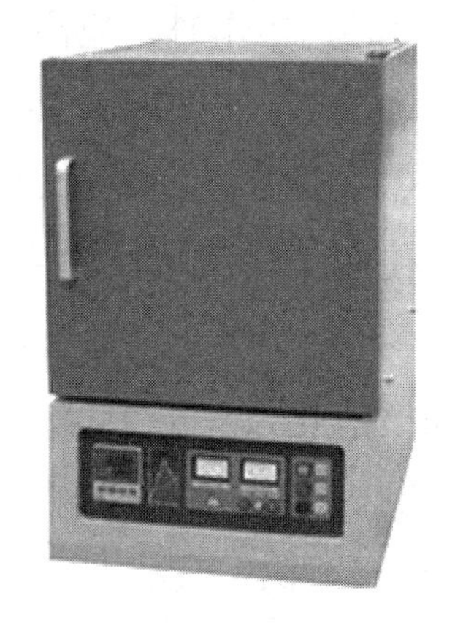

图 5-2　马弗炉

**3. 高温马弗炉**

可广泛用于谷物、饲料、食品、水、土壤、化学药品等样品的消解，如图 5-3 所示。

**4. 凯氏烧瓶**

凯氏烧瓶见图 5-4。

图 5-3　高温马弗炉

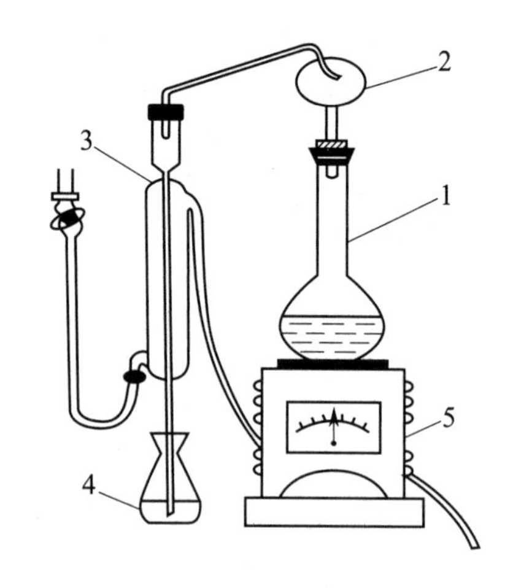


图 5-4　凯氏烧瓶

1，2—蒸汽发生器；3—冷凝管；4—接受瓶；5—电炉

## 三、消化分解注意事项

消化分解试样的优点是有机物分解速度快，所需时间短；加热温度低，可减少金属挥发逸散的损失。缺点是消解过程中会产生有害气体；消解初期易产生大量泡沫外溢；同时试剂用量大，空白值偏高。

在进行消化操作时，应注意以下相关事项。

① 加入硝酸、硫酸后，应先用小火缓缓加热，待反应平稳后才可以用大火加热，以免泡沫外溢，造成试样损失。

② 在使用硝酸消化过程中，应及时沿瓶壁补加硝酸，以避免炭化现象的出现。如已经发生了炭化现象，必须立即添加发烟硝酸。

③ 如果消化过程中采用了硫酸作为消化剂，尤其是采用比色分析时，应加适当的水脱去溶液中残留的硝酸，以免生成的亚硝酰硫酸破坏有机显色剂，对测定结果产生严重的干扰。

④ 补加硝酸等消化液时，应将消化瓶从电炉上取下，待冷却后再补加。

如消化过程中需采用高氯酸，应先用浓硝酸分解有机物，然后再加入高氯酸。消化过程中应同时有足够的硝酸存在，因此应不断补充硝酸，并且应在常温下才能将高氯酸加入样品中，热的、浓的 $HClO_4$ 遇有机物常会发生爆炸；经常使用 $HClO_4$ 的通风橱和烟道，应定期用水冲洗；热的、浓的 $HClO_4$ 造成的烫伤疼痛且不易愈合，使用时要十分小心注意；高氯酸的用量需严格控制，一般在5mL以下。

目前消化分解的方法有很多种，针对不同的样品、不同的仪器设备选择不同的方法。消化分解的样品可分为三大类：有机物含量高的样品、有机物含量低的样品、简单易消解的样品。针对不同的分解试样，选择的酸体系也不一样。盐酸适合在80℃以下的消解体系，硝酸适合在80～120℃的消解体系，硫酸适合在340℃左右的消解体系，盐酸-硝酸适合在95～110℃的消解体系，硝酸-高氯酸适合在140～200℃的消解体系，硝酸-硫酸适合在120～200℃的消解体系，硝酸-双氧水适合在95～130℃的消解体系。选择合适的酸体系对加快破坏有机物是非常重要的，同时要进行准确的温度控制，才能够达到理想的消解效果。

为提高消解效果，在某些情况下需要采用三元以上酸或氧化剂消解体系，此类混合溶剂具有更强的溶解能力，应用广泛。如硝酸-硫酸-高氯酸消解法、硝酸-硫酸-五氧化二钒消解法、硝酸-氢氟酸-高氯酸消解法、硝酸-硫酸-高锰酸钾消解法、盐酸-硝酸-氢氟酸-高氯酸消解法，本文不再做进一步的阐述。

**讨论与交流**

1. 水样消解时，其pH值应保持在多少合适？
2. 使用高氯酸混合消解体系消解试样时应如何操作？

# 知识三　熔融分解法处理样品

**知识目标**

- 认识熔融法的特点；
- 掌握常用熔剂的使用条件及操作注意事项。

**能力目标**

- 能正确选择熔剂分解试样；
- 能正确操作和使用分解器皿；
- 掌握熔融分解法处理样品的操作过程。

素质目标

- 培养学生吃苦耐劳的精神及社会责任感；
- 提高学生的环保意识；
- 具有健康的身体和心理素质；
- 具备可持续发展理念的。

熔融分解法是利用酸性或碱性熔剂与试样混合，在高温下进行复分解反应，将试样中的全部组分转化为易溶于水或酸的化合物，再用水或酸浸取，使其定量进入溶液。熔融法一般用来分解那些难以溶解的试样。根据所加入的熔剂性质的不同，熔融分解法又分为碱熔融法和酸熔融法。

## 一、碱融熔法

使用碱性物质作为熔剂熔融分解试样的方法称为碱熔融法。碱性熔剂的种类很多，它们的性质不同，用途也各不一样。常用的碱性熔剂有 $Na_2CO_3$、$K_2CO_3$、NaOH、KOH、$Na_2O_2$ 和它们的混合熔剂等，主要用于分解酸性氧化物（如二氧化硅）含量相对较高的样品。

**1. 碳酸钠（$Na_2CO_3$）**

（1）基本性质　碱性熔剂，其熔点为853℃，常用温度为1000℃或更高。

（2）分解对象　常用于分解矿石试样，如锆石、铬铁矿、铝土矿，硅酸盐、氧化物，氟化物，碳酸盐，磷酸盐和硫酸盐等。

经熔融后，试样中的金属元素转化为溶于酸的碳酸盐或氧化物，而非金属元素转化为可溶性的钠盐。

（3）注意事项　熔融器皿宜用铂坩埚。但用含硫混合熔剂时会腐蚀铂皿，应避免采用铂皿，可用铁或镍坩埚。

此外，还可以将 $Na_2CO_3$ 和其他熔剂混合使用，以达到更好的熔解效果。

$Na_2CO_3$ 和 $K_2CO_3$ 按1∶1混合后，其混合物的熔点只有700℃左右，可在普通煤气灯下熔融。用于硅酸盐中氯和氟的试样分解。

$Na_2CO_3$＋氧化剂（如 $Na_2O_2$、$KNO_3$、$KClO_3$），能提高氧化能力。

$Na_2CO_3$＋$Na_2O_2$ 用于矿石、铁合金、稀土、铀矿等试样的分解。

$Na_2CO_3$＋ZnO 分解硫化物矿石。

$Na_2CO_3+NH_4Cl$ 可烧结分解测定硅石中的钾、钠。

$Na_2CO_3+ZnO\text{-}KMnO_4$ 烧结分解，可用于 B、Se、Cl、F 的测定。

$Na_2CO_3+S$ 能提高还原能力，用于分解含砷、铋、锡、锑、钨和钒的矿石，使它们转化成可溶性的硫代酸盐。如分解锡石的反应：

$$2SnO_2+2Na_2CO_3+9S \xlongequal{} 2Na_2SnS_3+3SO_2\uparrow+2CO_2\uparrow$$

**2. 碳酸钾（$K_2CO_3$）**

（1）基本性质　碱性熔剂，其熔点为 891℃。

（2）分解对象　由于 $K_2CO_3$ 的吸湿性较强，同时钾盐被沉淀吸附的倾向比钠盐大，一般在重量法的系统分析中很少用。常用于用氟硅酸钾容量法测定铝矾土、铝酸盐水泥试样中的二氧化硅。

（3）注意事项　熔融器皿宜用铂坩埚。但用含硫混合熔剂时会腐蚀铂皿，应避免采用铂皿，可用铁或镍坩埚。

**3. 过氧化钠（$Na_2O_2$）**

（1）基本性质　熔点 460℃，是强氧化性、强腐蚀性的碱性熔剂。

（2）分解对象　能分解许多难溶物质，如难溶解的金属、合金及矿石，如锡石（$SnO_2$）、铬铁矿、钛铁矿、钨矿、锆石、绿柱石、独居石（Ce、La、Nd、Th 的磷酸盐矿物）、硫化物（如辉钼矿），Fe、Ni、Cr、Mo、W 的合金和 Cr、Sn、Zr 的矿石等；能把其中大部分元素氧化成高价态。

（3）注意事项　$Na_2O_2$ 不易提纯，有时为了减缓作用的剧烈程度，可将它与 $Na_2CO_3$ 混合使用。用 $Na_2O_2$ 作熔剂时，不宜与有机物混合，以免发生爆炸。

对坩埚腐蚀严重，一般用铁、镍或刚玉坩埚。

**4. 氢氧化钠（NaOH）**

（1）基本性质　熔点 321℃，是低熔点的强碱性熔剂。

（2）分解对象　常用于分解硅酸盐、碳化硅以及铝、铬、钡、铌、钽等两性氧化物试样。

（3）注意事项　用 NaOH 熔融时，通常在铁、银（700℃）、镍（600℃）、金和刚玉坩埚中进行，不能使用铂坩埚。同时因 NaOH 易吸水，熔融前要将其在银或镍坩埚中加热脱水后再加试样，以免引起喷溅。

**5. 氢氧化钾（KOH）**

（1）基本性质　熔点 404℃，是低熔点的强碱性熔剂。

（2）分解对象　常用于分解铝土矿、硅酸盐等试样。

(3) 注意事项　可在铁、银或镍坩埚中进行分解。

**6. 硼砂（$Na_2B_4O_7$）**

(1) 基本性质　在熔融时不起氧化作用，是一种强烈熔剂。

(2) 分解对象　主要用于难分解的矿物，如刚玉、冰晶石、锆英石、炉渣（图 5-5）等。

(3) 注意事项　使用时通常先脱水，再与 $Na_2CO_3$ 以 1∶1 研磨混匀使用。熔融器皿一般为铂坩埚。

图 5-5　炉渣

**7. 偏硼酸锂（$LiBO_2$）**

(1) 基本性质　该方法是后发展起来的方法，其熔样速度快。

(2) 分解对象　可以分解多种矿物，如硅酸盐类矿物（玻璃及陶瓷材料）、尖晶石、铬铁矿、钛铁矿等。

(3) 注意事项　一般市售的偏硼酸锂（$LiBO_2 \cdot 8H_2O$）含结晶水，使用前应先低温加热脱水。熔融器皿可以用铂坩埚，但熔融物冷却后黏附在坩埚壁上，较难脱埚和被酸浸取，最好用石墨坩埚。

**8. 混合熔剂烧结法**

或称混合熔剂半熔法，此方法是在低于熔点的温度和半熔状态下，让试样与固体试剂发生反应。此法多用于较易熔样品的处理。和熔融法相比，该法的优点是熔剂用量少，带入的干扰离子少；熔样时间短，操作速度快，烧结快，易脱埚，便于提取，同时也减轻了对坩埚的损坏，可在瓷坩埚中进行。常用的半熔混合剂有：

2 份 $MgO$+3 份 $Na_2CO_3$

1 份 $MgO$+2 份 $Na_2CO_3$

1 份 $ZnO$+2 份 $Na_2CO_3$

它们广泛用来分解矿石或煤中全硫含量的测定。$MgO$ 或 $ZnO$ 的作用在于：熔点高，可预防 $Na_2CO_3$ 在灼烧时融合；试剂保持着松散状态，使矿石氧化得更快、更完全；反应产生的气体也容易逸出。

## 二、酸熔融法

使用酸性物质作为熔剂熔融分解试样的方法称为酸熔融法，主要用于对碱性氧化物含量较多的试样的分解处理，如 $Al_2O_3$、红宝石等。酸熔融法中主要使用的熔剂是焦硫酸钾（$K_2S_2O_7$，熔点 419℃）。

**1. 焦硫酸钾（$K_2S_2O_7$）**

（1）基本性质　在 300℃以上时，$K_2S_2O_7$ 中部分 $SO_3$ 可与碱性或中性氧化物（如 $TiO_2$、$Al_2O_3$、$Cr_2O_3$、$Fe_3O_4$、$ZrO_2$ 等）作用，生成可溶性硫酸盐。

（2）分解对象　常用于分解铝、铁、钛、铬、锆、铌的氧化物类，矿硅酸盐、煤灰、炉渣和中性或碱性耐火材料等；不能用于硅酸盐系统的分析，因为其分解不完全，往往残留少量黑残渣，但可以用于硅酸盐的单项测定，如测定 Fe、Mn、Ti 等。

（3）注意事项　在熔融刚一开始时，应在小火焰上加热，以防熔融物溅出。待气泡停止冒出后，再逐渐将温度升高到 450℃左右（这时坩埚底部呈暗红色），直至坩埚内熔融物呈透明状态，分解即趋完成。在熔解时应适当调节温度，尽量减少 $SO_3$ 的挥发和硫酸盐分解为难溶性的氧化物。尽量避免在高温下长时间熔融。熔融后，将熔块冷却，加少量酸后用水浸出，以免某些水解元素发生水解而产生沉淀。熔融器皿可用瓷坩埚和石英坩埚，也可用铂皿，但稍有腐蚀。

**2. 其他酸性熔剂**

除焦硫酸钾（$K_2S_2O_7$）外，可用作酸性熔剂的还有硫酸氢钾（$KHSO_4$）、硼酸（$H_2B_2O_4$）、氟化氢钾（$KHF_2$）、强酸的铵盐等。

硫酸氢钾（$KHSO_4$）在加热时发生分解，可得到 $K_2S_2O_7$，因此，$KHSO_4$ 可以代替 $K_2S_2O_7$ 作为酸性熔剂使用，原理如下：$2KHSO_4 = K_2S_2O_7 + H_2O\uparrow$。

硼酸（$H_2B_2O_4$）脱水生成 $B_2O_3$，对碱性矿物的熔解性较好，如铝土矿、铬铁矿、钛铁矿、硅铝酸盐。

氟化氢钾（$KHF_2$）在铂坩埚中低温熔融可分解硅酸盐、钍和稀土化合物等。

铵盐在加热过程中可以分解出相应的无水酸，其在较高温度下能与试样反应生成水溶性盐。可以分解硫化物、硅酸盐、碳酸盐、氧化物。

熔融试样时，为防止熔融体从坩埚中溢出，可采取以下措施。

① 对用作熔剂的 NaOH 要注意保存，不要使其长时间暴露在空气中，以免吸水过多，熔融时产生飞溅损失。

② 坩埚盖不要盖严，应留有一定的缝隙。因此，在加热时可将坩埚盖弯成一定弧度后盖上。

③ 熔融时应从较低温度开始升起，在一定温度下保温一段时间，使水分充分溢出。

④ 坩埚应放在炉膛底部的耐火板上，而不能直接放在炉膛底板上，尽量位于炉膛的中部，不要与炉膛内壁接触或过分靠近，以免熔融温度过高。

熔融法分解试样的特点是：比湿式分解效果更好，可与后续的分离方法相衔接。缺点是会引入大量的碱金属盐类和坩埚材料，而且需要高温设备。

## 三、熔融器皿的选择和作用要求

由于熔融是在高温下进行的，而且熔剂又具有极大的化学活性，所以选择熔融器皿的材料至关重要。用熔融法分解试样时，应根据测定要求和实验室条件选用不同材料制成的坩埚，既要保证坩埚不受损失，又要保证分析结果的准确度，以下是各种不同材料坩埚的使用条件、注意事项以及常用熔剂的用量和熔融温度，以供参考。

**1. 银坩埚（图 5-6）**

① 银的熔点为 960℃，银加热后在表面生成一层氧化银，氧化银在 200℃ 以下稳定，因此，银坩埚不能在火上直接加热。

图 5-6　银坩埚

② 适用于 NaOH 作熔剂熔融样品，不能用于以 $Na_2CO_3$ 作熔剂熔融样品。

③ 新的银坩埚在 300～400℃马弗炉中灼烧后用热、稀 HCl 洗涤。

④ 不可用来熔融硼砂，浸取熔融物时不能使用酸，特别是不能接触浓酸。

⑤ 不能使用银坩埚分解和灼烧含硫物质。

⑥ 不能用来熔融铝、锌、锡、铅、汞等金属盐，因其会使银坩埚变脆。

⑦ 红热的银坩埚不能用水骤冷，以免产生裂纹。

**2. 镍坩埚（图 5-7）**

① 镍的熔点为 1455℃，强碱与镍几乎不反应，其抗碱性和抗侵蚀能力较强，故常用镍坩埚熔融铁合金、矿渣、黏土、耐火材料等。

② 高温时镍容易被氧化，因此，其熔样温度不宜超过700℃。

③ 适用于 $NaOH$、$Na_2O_2$、$Na_2CO_3$、$NaHCO_3$ 以及含有 $KNO_3$ 的碱性熔剂熔融样品，不适用于 $KHSO_4$ 或 $NaHSO_4$、$K_2S_2O_7$ 或 $Na_2S_2O_7$ 等酸性熔剂以及含硫的碱性硫化物熔剂熔融样品。

图 5-7　镍坩埚

④ 熔融状态的铝、锌、锡、铅、汞等的金属盐和硼砂都能使镍坩埚变脆，固不能在镍坩埚中熔融上述物质。

⑤ 浸取熔融物时不能使用酸。

⑥ 镍坩埚使用前可放在水中煮沸数分钟，以除去污物，必要时可加少量盐酸煮沸片刻。

⑦ 新的镍坩埚使用前应先在高温中烧 2～3min，以除去表面的油污并使表面氧化，延长使用寿命。

**3. 铂坩埚（图 5-8）**

① 铂又叫白金，熔点高达1772℃，在高温下略有挥发性，灼烧时间久时要加以校正。

② 在高温时不能与以下物质接触：

固体 $K_2O$、$Na_2O$、$KNO_3$、$NaNO_3$、$KCN$、$NaCN$、$Na_2O_2$、$Ba(OH)_2$、$LiOH$；

图 5-8　铂坩埚

王水、卤素溶液或能产生卤素的溶液，如 $KClO_3$、$KMnO_4$、$K_2Cr_2O_7$ 等，$FeCl_3$ 的盐酸溶液；

以下金属及其化合物、盐类等，如银、汞、铅、锑、锡、铋、铜等；

含碳的硅酸盐、磷、砷、硫及其化合物，如 $Na_2S$、$NaCNS$ 等。

③ 铂质地较软，拿取时不能太用力，也不可用玻璃棒等坚硬物质从铂坩埚中刮出物质，防止变形而引起表面凹凸，如有变形，可将铂坩埚放在木板上，一边滚动，一边用牛角匙压坩埚内壁整形；还可用木质器皿轻轻整形。

④ 应在垫有石棉垫或隔热板的电炉或电热板上进行。

⑤ 用煤气灯加热时，应在氧化焰上进行加热，不能在含有炭粒和碳氢化合物的还原性火焰中灼烧，以免碳和铂化合生成脆性的碳化铂。

⑥ 如滤纸需要在铂坩埚中炭化，应在低温和空气充足的情况下进行，不可使滤纸着火燃烧。

⑦ 组分不明的试样不能使用铂坩埚加热或熔融。

⑧ 灼烧铂坩埚时，不能与别的金属接触，以免它与别的金属生成合金。

⑨ 铂坩埚的内、外壁应经常保持清洁和光亮，以免有害物质与铂反应。

⑩ 取下灼热的铂坩埚时，必须用包有铂尖的坩埚钳夹取。

⑪ 不能用冷水冷却红热的铂坩埚，以免产生裂缝。

⑫ 清洗铂坩埚时，可单独用纯稀盐酸或稀硝酸溶液煮沸清洗，切不可将两种酸混合。如仍清洗不干净，可用焦硫酸钾（$K_2S_2O_7$）熔融处理。

**4. 瓷坩埚（图 5-9）**

① 软化温度为 1530℃，使用上限温度为 1100℃。

② 一般不能用于以 NaOH、$Na_2O_2$、$Na_2CO_3$ 等碱性物质作熔剂熔融试样，以免腐蚀瓷坩埚。

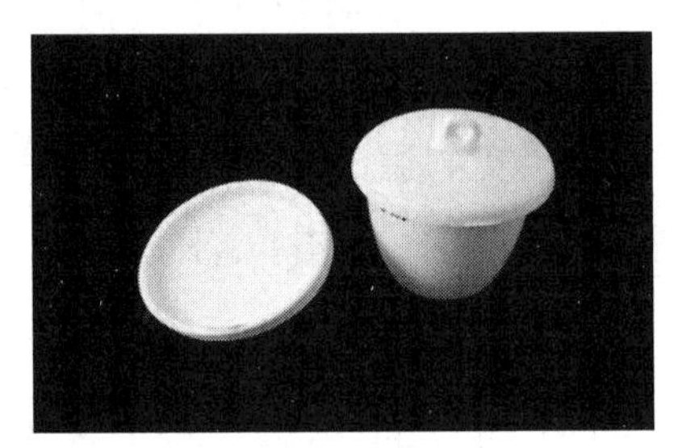

图 5-9 瓷坩埚

③ 瓷坩埚不能和氢氟酸接触。

④ 适用于 $K_2S_2O_7$ 等酸性熔剂熔融样品。

⑤ 一般可用稀 HCl 煮沸清洗。

⑥ 以石墨粉垫底的瓷坩埚可在 1000～1200℃下用于硼砂熔融。

**5. 石英坩埚（图 5-10）**

① 含二氧化硅 99.8%左右，软化温度为 1500℃，上限温度为 1300℃。

② 不能和氢氟酸、磷酸、浓碱液接触。

③ 高温时，极易和苛性碱及碱金属的碳酸盐作用。

④ 适于用 $K_2S_2O_7$、$KHSO_4$ 等酸性熔剂熔融样品，同时还可用 $Na_2S_2O_7$（预先在 212℃烘干）作熔剂处理样品。

⑤ 石英质地较脆，易破，使用时要注意。

⑥ 除不能使用氢氟酸外，普通的稀无机酸可用作清洗液。

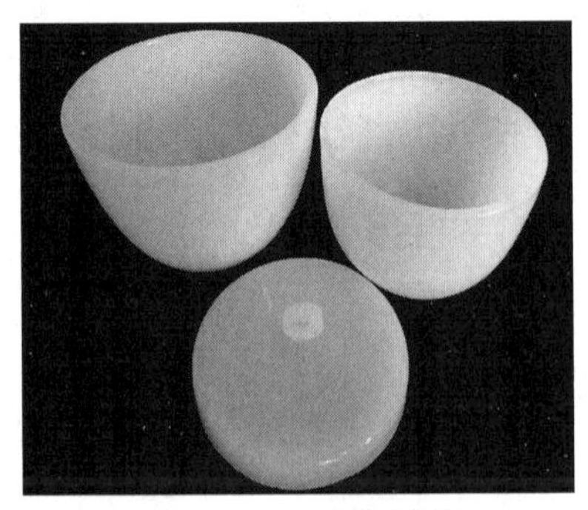

图 5-10 石英坩埚

**6. 铁坩埚（图 5-11）**

① 铁的熔点为 1553℃。

图 5-11　铁坩埚

② 铁坩埚在使用前应先进行钝化处理。即先用稀 HCl 洗，后用细砂纸将坩埚擦净，再用热水洗净，然后放入 5% $H_2SO_4$ 和 1% $HNO_3$ 的混合液中，浸泡数分钟，再用水洗净烘干后在 300～400℃的马弗炉中灼烧 10min。

③ 铁虽然易生锈，耐碱腐蚀性不如镍，但是因为它价格低廉，仍可在用过氧化钠熔融时代替镍坩埚使用。其使用规则与镍坩埚相同。

④ 清洗铁坩埚用冷的稀 HCl 即可。

**7. 聚四氟乙烯坩埚（图 5-12）**

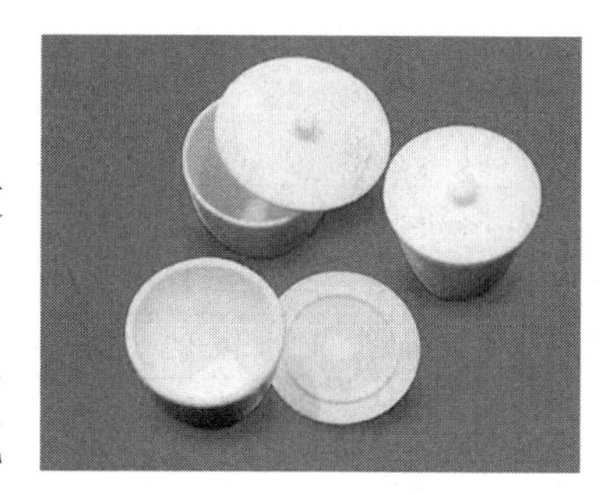

图 5-12　聚四氟乙烯坩埚

① 耐热近 400℃，最高工作温度不能超过 250℃，超过此温度即开始分解。

② 除熔融态钠和液态氟外，能耐一切浓酸、浓碱、强氧化剂以及王水的腐蚀。主要用于以氢氟酸作熔剂熔解试样，如 $HF+HClO_4$ 等。但用于以 $HF-H_2SO_4$ 作溶剂时不能冒烟，否则损坏坩埚。

③ 熔样时不会带入金属杂质，避免了干扰离子的引入。

④ 表面光滑耐磨，不易损坏，机械强度较好。

**8. 石墨坩埚（图 5-13）**

① 热解石墨坩埚的使用上限温度为 700℃，高于 700℃的分解过程要选用高温石墨坩埚。

② 对各种强酸具有抗腐蚀性，对强碱有一定的抵抗能力。

③ 使用过程中除碳元素外，不会引入其他金属和非金属杂质。

④ 在一定条件下，可代替铂、银、镍和刚玉坩埚。

图 5-13　石墨坩埚

**9. 刚玉坩埚（图 5-14）**

① 刚玉有铝刚玉和铬刚玉，高铝或铝刚玉

坩埚的主要成分为氧化铝，熔点约 2000℃，质地坚硬而且耐熔。

② 适于用无水 $Na_2CO_3$ 等一些弱碱性物质作熔剂熔融样品，不适于用 $Na_2O_2$、NaOH 等强碱性物质和酸性物质如 $K_2S_2O_7$ 等作熔剂熔融样品。

③ 氢氟酸能严重腐蚀普通刚玉，但经高温煅烧后的高纯刚玉（含 $Al_2O_3$ 大于 99.9%）坩埚对氢氟酸有抵抗能力。

图 5-14　刚玉坩埚

常用熔剂的用量（与待分解的试样量相比）及试样的熔融温度见表 5-2。

**表 5-2　常用熔剂的用量和熔融（烧结）温度**

| 熔剂名称 | 用量/倍 | 熔融(烧结)温度/℃ |
|---|---|---|
| 无水碳酸钠 | 6～8 | 950～1000 |
| 碳酸氢钠 | 12～14 | 900～950 |
| 1 份无水碳酸钠+1 份无水碳酸钾 | 6～8 | 900～950 |
| 6 份无水碳酸钠+0.5 份硝酸钾 | 8～10 | 750～800 |
| 3 份无水碳酸钠+2 份硼酸钠(熔融的，研成细粉) | 10～12 | 500～850 |
| 2 份无水碳酸钠+1 份氧化镁 | 10～14 | 750～800 |
| 1 份无水碳酸钠+2 份氧化镁 | 4～10 | 750～800 |
| 2 份无水碳酸钠+1 份氧化镁① | 8～10 | 750～800 |
| 4 份碳酸钾钠+1 份酒石酸钾 | 8～10 | 850～900 |
| 过氧化钠 | 6～8 | 600～700 |
| 2 份无水碳酸钠+4 份过氧化钠 | 6～8 | 650～700 |
| 氢氧化钠(钾) | 8～10 | 450～600 |
| 6 份氢氧化钠(钾)+0.5 份硝酸钠(钾) | 4～6 | 600～700 |
| 氰化钾 | 3～4 | 500～700 |
| 硫酸氢钾 | 12～14 | 500～700 |
| 焦硫酸钾 | 8～12 | 500～700 |
| 1 份氟化氢钾+10 份焦硫酸钾 | 8～12 | 600～800 |
| 氧化硼 | 5～8 | 600～800 |

① 通称艾斯卡试剂，也可用 $MnO_2$、ZnO 等代替 MgO，用于烧结法（半熔法）。

### 讨论与交流

① 熔融分解常用的熔剂有哪些？常用于哪些试样的熔解？

② 熔融分解时如何选择熔融器皿？

③ 分解试样常用的方法大致可分为哪几类？什么情况下采用熔融法？

# 知识四　灰化分解法处理样品

知识目标

- 掌握灰化分解法的使用条件及操作注意事项。

能力目标

- 对不同的试样能选择合适的分解方法；
- 能正确操作仪器设备；
- 掌握灰化分解法的操作过程。

素质目标

- 培养学生精益求精的工匠精神；
- 培养学生的辩证思维能力；
- 培养学生的归纳总结能力。

灰化分解法又称燃烧法或高温分解法，是在一定温度和气氛下加热待测物质，分解和去除样品中的有机物质，留下的残渣再用适当的溶剂溶解，以测定有机物中的无机元素的方法，常用于分解有机试样或生物试样。根据灰化条件的不同，灰化分解法主要有高温灰化法、低温灰化法、氧瓶燃烧法和燃烧法等几种。

## 一、高温灰化法

### 1. 方法原理

高温灰化法是将试样置于蒸发皿或坩埚内，在一定的温度范围内加热分解、灰化，所得残渣用适当溶剂溶解后进行测定的方法。待测试样一般需要先经100～105℃干燥，除去其中的水分及挥发性物质。灰化温度及时间需要选择，一般灰化温度约450～600℃。通常将盛有样品的坩埚（一般可采用铂金坩埚、陶瓷坩埚等）放入马弗炉内进行灰化灼烧，直到所有有机物燃烧完全，只留下不挥发的无机残留物。这种残留物主要是金属氧化物以及非挥发性硫酸盐、磷酸盐和硅酸盐等。其操作过程如下：

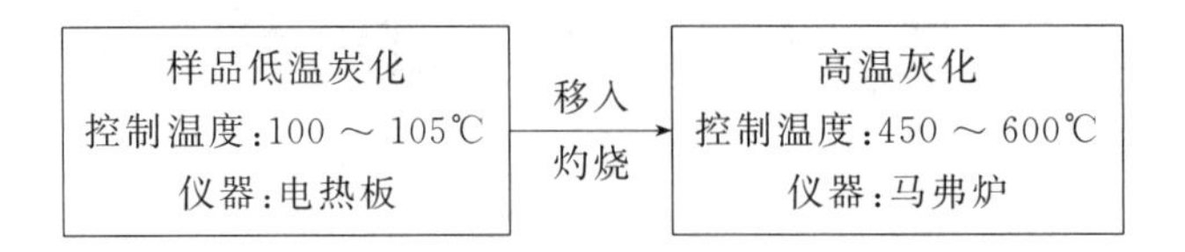


**2. 分解对象**

常用于测定水果、蔬菜等有机物或生物试样中的多种金属元素，如锑、铬、铁、钠、锶、锌等。

**3. 仪器设备**

用于高温灰化法分解试样的仪器设备主要有电热板、马弗炉等（同消解法的仪器设备）。

干灰化法

**4. 特点**

（1）优点

① 此法基本不加或加入很少的试剂，故空白值低，可避免污染试样。

② 灰分体积小，可处理较多的样品，可富集被测组分。

③ 操作简单，有机物分解比较彻底。

（2）缺点

① 所需时间较长。

② 因温度高易造成易挥发元素的损失。

③ 坩埚有吸留作用，使测定结果偏低。

为克服高温灰化法的不足，在灰化前加入适量的助灰化剂，可减少挥发损失和粘壁损失。常见的灰化剂有 $MgO$、$Mg(NO_3)_2$、$HNO_3$、$H_2SO_4$ 等。其中 $HNO_3$ 起氧化作用，加速有机物的破坏，因而可适当降低灰化温度，减少挥发损失。加入 $H_2SO_4$ 能使挥发性较大的氯酸盐转化为挥发性较小的硫酸盐，起到像基体改良剂的作用，硫酸可以使灰化温度升高到 980℃，未发现明显的镉、铅损失。

$Mg(NO_3)_2$ 有双重作用，其分解为 $NO_2$ 和 $MgO$，前者促进氧化，后者可稀释灰分，减少灰分与坩埚壁的总接触面积，从而减少沾留。例如，As、Cu、Ag 等在常规灰化时会有严重损失，如果加入 $Mg(NO_3)_2$ 后，则能得到满意的结果。

## 二、低温灰化法

**1. 方法原理**

低温灰化法是相对于高温灰化法而言的，是在相对低的温度下使样品完全灰化分解。其原理是：将样品放在低温灰化炉中，先将炉内抽至近真空（10Pa 左右），然后再不断地通入氧气，控制氧气的流速为 0.3～0.8L/min，再用微波或高频激发光源照射，使氧气活化而产生活化氧，这样在低于 150℃的温度下便可使样品缓慢地完全灰化，从而克服了高温灰化法的缺点。低温灰化必须在专用的低温灰化器中进行。

**2. 分解对象**

可用于生物样品中砷、汞、硒、氟等易挥发元素的测定，效果十分显著。

**3. 仪器设备**

低温灰化法常用的仪器设备为低温灰化仪（图 5-15）。

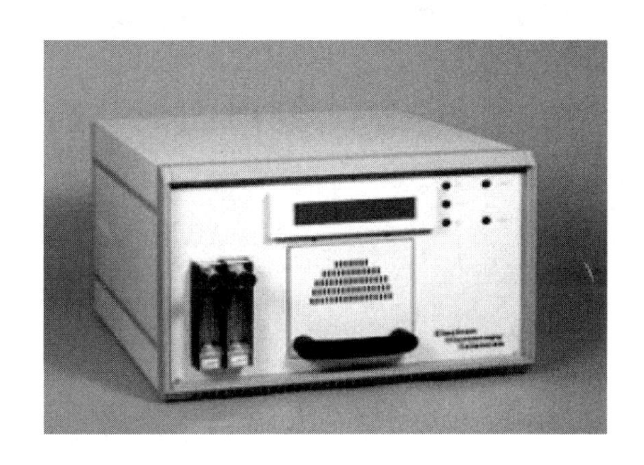

图 5-15　低温灰化仪

**4. 特点**

优点：克服了高温灰化法因挥发、滞留和吸附而损失痕量金属等问题，所需时间短。

缺点：试样分解可能不完全。

## 三、氧瓶燃烧法

**1. 方法原理**

氧瓶燃烧法是在充满氧气的密闭瓶内，将试样包裹在定量滤纸内，用铂片夹牢，用电火花引燃试样，密闭瓶内盛有少量适当的吸收剂以吸收其燃烧产物，然后用适当的方法测定各元素吸收液。

**2. 分解对象**

此法广泛用于测定有机化合物中的卤素、硫、磷、硼等元素。

**3. 仪器设备**

氧瓶燃烧仪见图 5-16。

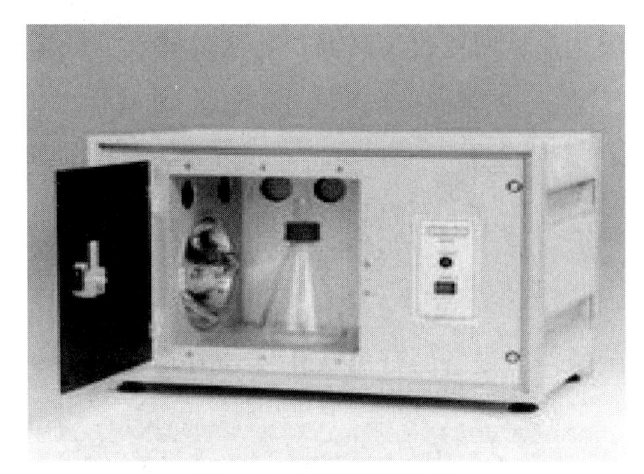

图 5-16　氧瓶燃烧仪

**4. 特点**

此法操作简便、快速；由于在密闭系统内进行，减少了损失和污染；适于少量试样的分析。

## 四、燃烧法

**1. 方法原理**

燃烧法又称氧弹法，将样品装入样品杯，置于盛有吸收液的铂内衬氧弹中，旋紧氧弹盖，充入氧气，用电火花点燃样品，使样品灰化，待吸收液将灰化产物完全溶解后，即可用于测定。

**2. 分解对象**

用于测定含汞、硫、砷、氟、硒、硼等元素的生物样品。

**3. 仪器设备**

氧弹仪见图 5-17。

图 5-17　氧弹仪

**4. 特点**

需要特定的仪器设备，分解在密闭系统内进行，减少了损失和污染；适于少量试样的分析。

## 五、操作注意事项

① 高温灰化前样品应进行预炭化。

② 样品炭化、加硝酸溶解残渣等操作应在通风橱内进行。

③ 高温炉内各区的温度有较大的差别，应根据待测组分的性质，采用适宜的灰化温度。

④ 采用瓷坩埚灰化时，不宜使用新的，以免新的瓷坩埚吸附金属元素，造成实验误差。

⑤ 如样品较难灰化，可将坩埚取出，冷却后，加入少量硝酸或水湿润残渣，加热处理，干燥后再移入高温炉内灰化。

⑥ 湿润或溶解残渣时，需待坩埚冷却至室温方可进行，不能将溶剂直接滴加在残渣上。

⑦ 从高温炉中取出坩埚时，要避免高温灼伤。

⑧ 坩埚从炉内取出前，先放置于炉口冷却，并在耐火板上冷却至室温。

⑨ 切忌直接置于木制台面、有机合成台面上，以免烫坏台面，也不宜直接置于热导率较高的台面上，以免陡然遇冷引起坩埚破裂。

话说“炭化”

讨论与交流

1. 分解无机试样和有机试样的主要区别有哪些？
2. 灰化分解不同的试样时，如何控制试样的分解温度？
3. 高温灰化前为什么要对试样进行预炭化处理？

# 任务一　酸溶法分解钢铁试样

## 任务目标

酸溶法分解钢铁试样。

## 任务描述

某钢铁厂有一批钢铁试样，现需要对其中的磷含量进行分析测定，以确定其是否符合相应的国家标准，请对该样品进行分解预处理。

## 任务实施

### 一、仪器准备

① 烧杯 200mL。
② 表面皿。
③ 容量瓶 100mL。
④ 电热板。
⑤ 电子天平（万分之一）。

### 二、试剂、试样准备

① 高氯酸（$\rho$=1.67g/mL）。
② 盐酸（$\rho$=1.19g/mL）。
③ 硝酸-盐酸混合酸　一份硝酸（$\rho$=1.43g/mL）和两份盐酸混合。
④ 硫酸（1+5）。
⑤ 氢溴酸-盐酸混合酸　一份氢溴酸（$\rho$=1.49g/mL）和两份盐酸混合。
⑥ 亚硝酸钠溶液（100g/L）。
⑦ 钢铁试样。

### 三、操作步骤

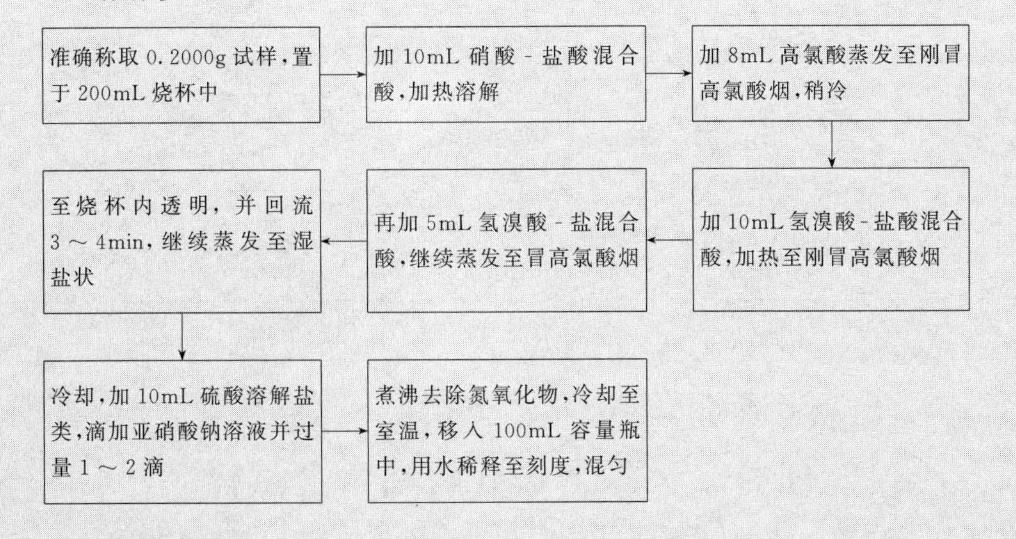


### 四、操作注意事项

① 操作应在通风橱中进行。

② 当样品中含有有机物时，应先用硝酸氧化有机物后再加高氯酸，以免发生爆炸。

③ 加热蒸发时，控制好蒸发温度，并适当延长冒烟时间。

④ 蒸发试样时，试样瓶内一般要呈透明状，不可干焦。

### 五、误差分析

① 在溶解试样时应盖上表面皿，防止气体逸出或煮沸溶解时，气泡破裂以飞沫的形式带出，减小损失。

② 彻底清洗容器以减弱器皿的吸附作用和降低空白值。

## 任务检查

### 小 组 讨 论

某钢铁公司生产了一批合金钢，现需要对该合金钢中的硅含量进行分析测定，试确定该钢铁试样的分解方案。

① 确定称取的试样量。

② 正确选择分解试样的酸溶剂。

③ 控制加热温度和加热时间。

④ 确定试样是否分解完全。

## 任务评价

| 序号 | 观测点 | 评价要点 | 自我评价 |
|---|---|---|---|
| 1 | 试样的称取 | (1)电子天平的操作使用<br>(2)数据的记录 | |
| 2 | 试样的分解操作 | (1)试剂加入的先后顺序<br>(2)加热温度和加热时间的控制<br>(3)个人安全防护 | |

# 任务二　碱溶法分解铝合金试样

## 任务目标

碱溶法分解铝合金试样。

## 任务描述

某公司有一批铝合金制品，现需要对其中的锰含量进行分析测定，以确定该产品是否符合相应的国家标准，请对该样品进行分解。

## 任务实施

### 一、仪器准备

① 塑料杯 250mL。
② 容量瓶 250mL。
③ 电热恒温水浴锅。
④ 电子天平（万分之一）。

### 二、试剂、试样准备

① 氢氧化钠（分析纯，固体）。
② $H_2O_2$（$\rho$=300g/L）。
③ 铝合金。

### 三、操作步骤

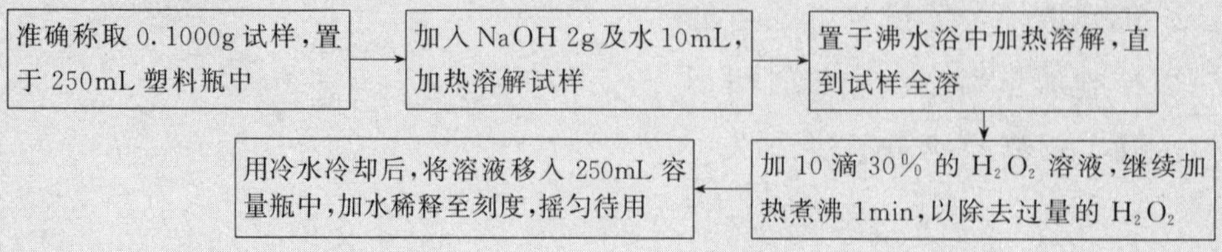

准确称取 0.1000g 试样，置于 250mL 塑料瓶中 → 加入 NaOH 2g 及水 10mL，加热溶解试样 → 置于沸水浴中加热溶解，直到试样全溶 → 加 10 滴 30% 的 $H_2O_2$ 溶液，继续加热煮沸 1min，以除去过量的 $H_2O_2$ → 用冷水冷却后，将溶液移入 250mL 容量瓶中，加水稀释至刻度，摇匀待用

**四、操作注意事项**

① 由于氢氧化钠易吸潮，称样时要注意防潮。

② 试样分解要完全。

**五、误差分析**

① 在溶解试样时应盖上表面皿，可防止气体逸出或煮沸溶解时气泡破裂以飞沫的形式带出，可减小损失。

② 彻底清洗容器以减弱器皿的吸附作用和降低空白值。

## 任务检查

**小组讨论**

某公司有一批铝合金制品，现需要对其中的钙含量进行分析测定，请对该样品进行分解预处理。

① 确定称取的试样量。

② 正确选择分解试样的碱溶剂。

③ 控制加热温度和加热时间。

④ 确定试样是否分解完全。

## 任务评价

| 序号 | 观测点 | 评价要点 | 自我评价 |
| --- | --- | --- | --- |
| 1 | 试样的称取 | (1)电子天平的操作使用<br>(2)数据的记录 | |
| 2 | 试样的分解操作 | (1)加热温度和加热时间的控制<br>(2)试样分解的完全程度<br>(3)个人安全防护 | |

# 任务三　消化分解土壤试样

## 任务目标

消化分解土壤试样。

## 任务描述

某造纸企业向周围的农田排放工业废水，当地农民怀疑废水中的铬严重污染了土壤，现需要确定农田土壤中的铬含量是否超标，请对土壤样品进行分解预处理。

## 任务实施

### 一、仪器准备

① 锥形瓶 100mL。

② 电热板。

③ 小漏斗。

④ 容量瓶 50mL。

⑤ 天平（万分之一）。

### 二、试剂、试样准备

① 硫酸（$\rho$=1.84g/mL）。

② 硝酸（$\rho$=1.42g/L）。

③ 磷酸（$\rho$=1.70g/mL）。

④ 土壤试样。

### 三、操作步骤

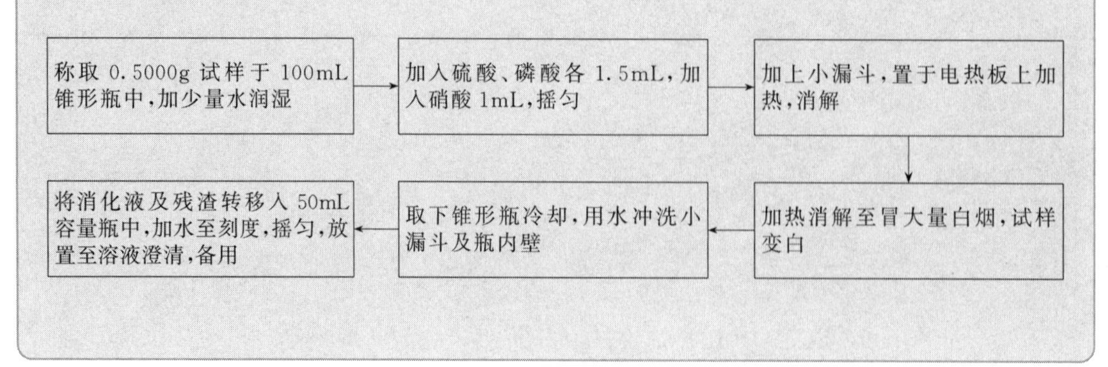

## 四、操作注意事项

① 消解土壤样品时，要严格控制消解的时间与温度，不可蒸干。

② 消解时，要防止产生焦磷酸盐而影响测定结果。

## 五、误差分析

① 试样消解是否完全会影响测定结果。

② 彻底清洗容器以减弱器皿的吸附作用和降低空白值。

## 任务检查

### 小 组 讨 论

某食品厂向周围的河流排放污水，现需要对污水中的化学需氧量进行测定，请对该水样进行分解预处理。

① 确定所取的水样量。

② 控制水样的消解温度和消解时间。

③ 确定试样消解完全。

## 任务评价

| 序号 | 观测点 | 评价要点 | 自我评价 |
|---|---|---|---|
| 1 | 水样的量取 | (1)移液管的正确使用<br>(2)数据的记录 | |
| 2 | 试样的分解操作 | (1)试剂加入的先后顺序<br>(2)消解温度和消解时间的控制<br>(3)干扰的消除<br>(4)试样分解的完全程度<br>(5)个人安全防护 | |

土壤样品微波消解过程

# 任务四　熔融分解硅酸盐试样

## 任务目标

熔融分解硅酸盐试样。

## 任务描述

某水泥厂生产了一批水泥，现需要确定水泥中二氧化硅的含量，请对该试样进行分解预处理。

## 任务实施

### 一、仪器准备

① 铂坩埚。

② 坩埚钳。

③ 高温炉。

④ 恒温水浴锅。

⑤ 烧杯 250mL。

⑥ 天平（万分之一）。

### 二、试剂、试样准备

① 无水碳酸钠（固体，用时磨碎）。

② 盐酸（1+1）。

③ 硅酸盐试样。

### 三、操作步骤

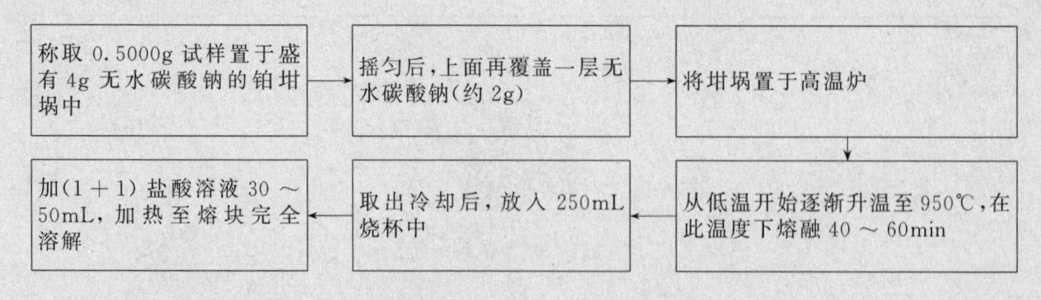


### 四、操作注意事项

① 注意升温速度和试样熔融时间。

② 尽可能均匀加热（油浴或砂浴）坩埚，或采用不同材料的坩埚。

**五、误差分析**

① 试样熔融分解时应在坩埚上加盖，可减少飞沫或挥发损失。

② 彻底清洗容器以减弱器皿的吸附作用和降低空白值。

熔融法分解硅酸盐试样

## 任务检查

**小 组 讨 论**

某企业有一批钛铁矿，需要对其中的钛含量进行分析测定，请对该样品进行分解预处理。

① 确定称取的试样量。

② 选择合适的熔剂和坩埚来分解试样。

③ 确定熔样温度和熔样时间。

## 任务评价

| 序号 | 观测点 | 评价要点 | 自我评价 |
| --- | --- | --- | --- |
| 1 | 试样的称取 | (1)天平的操作使用<br>(2)数据的记录 | |
| 2 | 试样的分解操作 | (1)熔样温度和熔样时间的控制<br>(2)试样分解的完全程度<br>(3)个人安全防护 | |

# 任务五　灰化分解婴幼儿配方奶粉

## 任务目标

灰化分解婴幼儿配方奶粉。

## 任务描述

某乳品企业生产了一批配方奶粉，现需要确定该奶粉中铁元素的含量，请对该试样进行分解预处理。

## 任务实施

**一、仪器准备**

① 瓷坩埚。

② 坩埚钳。

③ 电炉。

④ 高温炉。

⑤ 容量瓶 50mL。

⑥ 天平（万分之一）。

**二、试剂、试样准备**

① 硝酸（1+1）。

② 盐酸（1+4）。

③ 去离子水。

④ 婴幼儿配方奶粉。

**三、操作步骤**

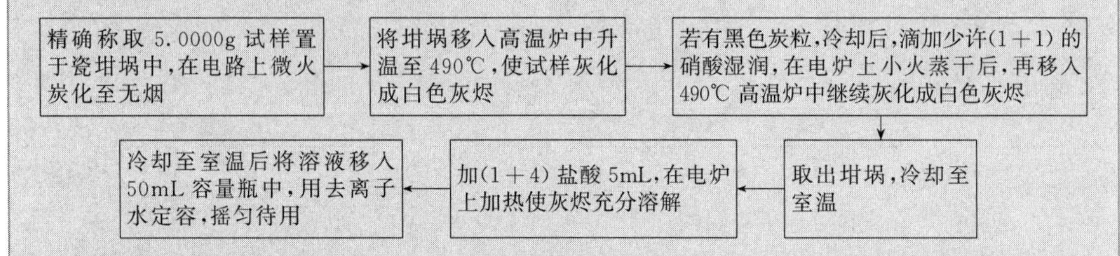


**四、操作注意事项**

① 灰化前样品应进行预炭化。

② 样品炭化、加硝酸溶解残渣等操作应在通风橱内进行。

③ 高温炉内各区的温度有较大的差别，应根据待测组分的性质，采用适宜的灰化温度。

④ 采用瓷坩埚灰化时，不宜使用新的，以免新的瓷坩埚吸附金属元素，造成实验误差。

⑤ 如样品较难灰化，可将坩埚取出，冷却后，加入少量硝酸或水湿润残渣，加热处理，干燥后再移入高温炉内灰化。

⑥ 湿润或溶解残渣时，需待坩埚冷却至室温方可进行，不能将溶剂直接滴加在残渣上。

⑦ 从高温炉中取出坩埚时，避免高温灼伤。

⑧ 坩埚从炉内取出前，先放置于炉口冷却，并在耐火板上冷却至室温。

⑨ 切忌直接置于木制台面、有机合成台面上，以免烫坏台面，也不宜直接置于热导率较高的台面上，以免陡然遇冷引起坩埚破裂。

## 五、误差分析

① 灰化分解时应减少飞沫或挥发损失。

② 彻底清洗容器以减弱器皿的吸附作用和降低空白值。

## 任务检查

### 小 组 讨 论

现有一批新鲜水果，需要对其中的汞含量进行分析测定，请对该样品进行分解预处理。

① 确定称取的试样量。

② 选择合适的试剂和坩埚来分解试样。

③ 确定灰化温度。

## 任务评价

| 序号 | 观测点 | 评价要点 | 自我评价 |
|---|---|---|---|
| 1 | 试样的称取 | (1)天平的操作使用<br>(2)数据的记录 | |
| 2 | 试样的分解操作 | (1)灰化温度和灰化时间的控制<br>(2)试样分解的完全程度<br>(3)个人安全防护 | |

加热炭化过程

知识链接

## 食品中有效成分和有害成分的分解预处理

### 一、食品中的有效成分

食品中的有效成分是指糖类、蛋白质、脂肪、无机盐、维生素、水。其中的蛋白质、脂肪和糖类被称为三大营养素。它们都是动植物食品中的主要组成成分，能供给机体能量。无机盐和维生素虽然不能给人类提供热量，但它们是人体多种酶和生理活性物质的重要组成部分。水则是维持人体生存的重要物质，缺一不可。

### 二、食品中的有害成分

1. 食品原料中的天然有害成分

有毒植物蛋白及氨基酸、消化酶抑制剂、毒肽、有毒氨基酸及其衍生物、毒苷类、有毒酚类、有机酸类、有毒生物碱类、河豚毒素、鱼类组胺毒素、贝类毒素等。

2. 微生物污染产生的有害成分

霉菌毒素（如黄曲霉毒素、青霉毒素、镰刀菌毒素、霉变甘薯毒素等）；细菌毒素（如沙门菌毒素、葡萄球菌毒素、肉毒杆菌毒素等）。

3. 化学污染产生的有害成分

农药残留（如有机氯、有机磷、有机汞、有机砷、除草剂、氨基甲酸酯类、拟除虫菊酯类等）；重金属和类金属污染（如工业“三废”排放造成农业环境的污染，不当使用农药和使用劣质农药，包装、运输污染，劣质食品添加剂的使用等）；多氯联苯（主要来源于工业“三废”排放而污染食品。表现为慢性毒性和蓄积性毒性，并有明显的致畸作用）。

4. 食品加工过程中产生的有害成分

亚硝胺类化合物（由亚硝酸盐转化，致癌）、多环芳烃类化合物（代表物为苯并芘，熏烤食物中含有此物质，致癌）、杂环胺类化合物（含蛋白质较丰富的食物高温烹调时易产生，尤其是与明火直接接触或与灼热金属表面接触会提高环胺类的生成量，致癌）、食品添加剂引起的有害成分［如糖精在体内转化成环己胺，代谢后转化产物的毒性、营养性添加剂过量的毒性（如维生素A、维生素D）、添加剂引起的过敏反应（柠檬黄引起的哮喘）等］；包装材料直接和食物接触，材料成分可迁移到食品中，造成的食品污染。

### 三、分解预处理方法

食品中的化学组成非常复杂，既含有蛋白质、糖、脂肪、维生素，同时还有因污染引入的有机农药等大分子的有机化合物，又含有钾、钠、钙、铁等各种无机元素。这些组分之间往往通过各种作用力以复杂的结合态或络合态的形式存在。当应用某种方法对其中某种组分的含量进行测定时，其他组分的存在常给测定带来干扰，为了保证分析工作的顺利进行、得到准确的分析结果，必须在测定前破坏样品中各组分之间的作用力，使被测组分游离出来，同时排除干扰组分；此外，有些被测微量组分，如污染物、农药、黄曲霉毒素等，由于含量很少，很难检测出来，为了准确地测出它们的含量，必须在测定前对样品进行富集或浓缩。以上这些操作过程统称为样品的预处理，它是食品成分分析过程中的一个重要环节，该操作过程直接影响分析结果的精密度和准确度，选择合适的预处理方法，缩短样品的预处理时间，是在保证检验质量的同时，提高检验效率的一个重要方法。绝大多数食品在测定前都需要对样品进行分解预处理，其预处理方法如下：

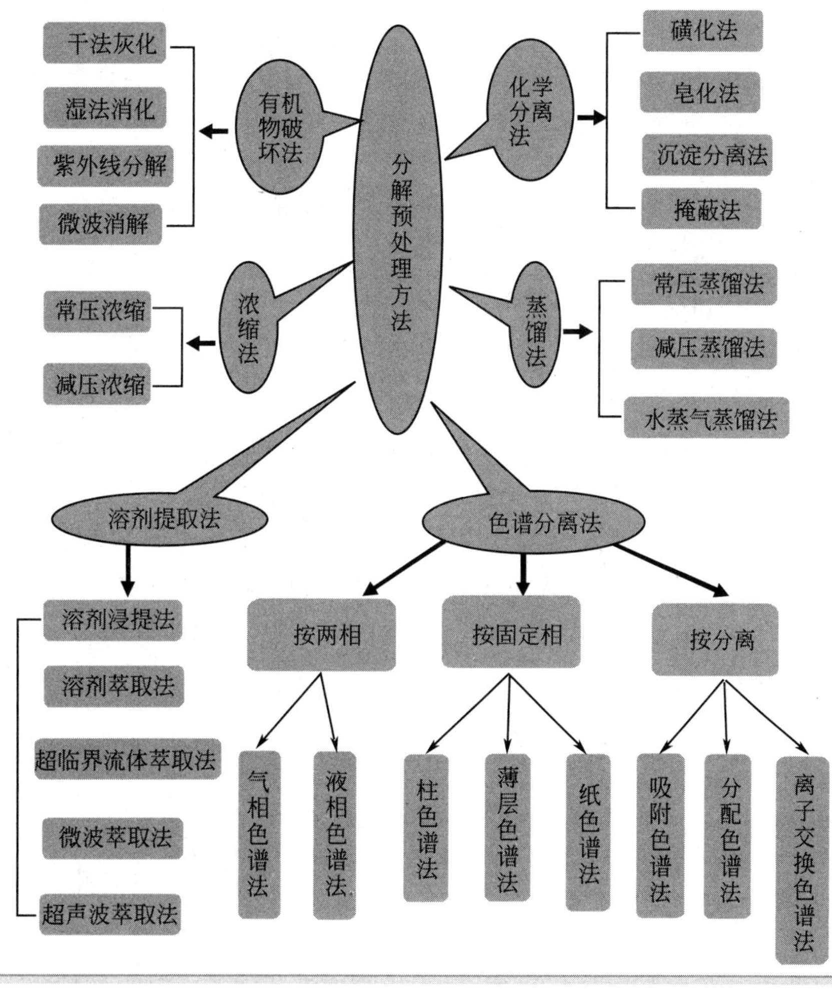

微波消解法

茶叶中灰分含量的测定

本项目课件

## 练一练、测一测

### 一、填空题

1. 试样的分解方法主要包括______、______、________和________四种。

2. 熔融分解法根据所选用的熔剂类型的不同可分为____和______两种。

3. 灰化分解法主要包括______、______、______和______四种。

4. 消化分解试样时常用的强氧化剂包括____、____、____、____和____等。

5. 艾斯卡试剂包括________和________。

6. 硝酸作溶剂时，它兼具______作用和________作用。

7. 稀硫酸作溶剂是利用它的____性质，浓硫酸作溶剂是利用它的____性质。

8. 热的、浓高氯酸具有强的______性和______性。

9. 镍坩埚适用于用碱性熔剂熔融样品，不适用于____、____、____和____等酸性熔剂以及含硫的碱性硫化物熔剂熔融样品。

10. 除焦硫酸钾（$K_2S_2O_7$）外，可用作酸性熔剂的还有____、____、____和______等。

11. 常用的碱性熔剂有______、______、______和________等。

12. 稀硫酸具有______通性，无____；浓硫酸是一种强的______和______。

13. 硝酸作为溶剂，溶解能力强而且快，兼具______作用和______作用。

14. 氢氟酸（HF）是弱酸，是分解________试样的唯一最有效的溶剂。

15. 磷酸在______温度范围内是一种强有力的溶剂，此时具有很强的______。

### 二、选择题（单选和多选）

1. 用过氧化钠（$Na_2O_2$）熔融样品时，应选择（　　）材料的坩埚。

A. 铁　　B. 镍　　C. 瓷　　D. 银

2. 用焦硫酸钾（$K_2S_2O_7$）熔融样品时，应选择（　　）材料的坩埚。

A. 铂　　B. 镍　　C. 瓷　　D. 银

3. 石灰石样品中二氧化硅的测定，一般采用（　　）分解试样。

A. 硫酸溶解　　B. 盐酸溶解

C. 王水溶解　　　　　D. 碳酸钠作熔剂，半熔融解

4. 用氢氧化钠（NaOH）作熔剂时，可选择（　　）材料的坩埚。

A. 铂　　B. 镍　　C. 瓷　　D. 银

5. 测定有机物中的卤素元素，可采用（　　）分解试样。

A. 酸溶法　　B. 碱溶法　　C. 氧瓶燃烧法　　D. 熔融法

6. 测定水样中的有机物时，可采用（　　）分解试样。

A. 酸溶法　　B. 碱溶法　　C. 灰化法　　D. 消解法

7. 用氢氟酸（HF）分解试样时，不能在（　　）容器中进行。

A. 铂　　B. 塑料　　C. 玻璃　　D. 银

8. 浓硝酸不能分解以下含（　　）试样。

A. 铝　　B. 锌　　C. 铜　　D. 镁

9. 稀硫酸不能分解以下（　　）试样。

A. 氢氧化铝　　B. 氧化镁　　C. 硫化锌　　D. 氧化钙

10. 用酸作溶剂分解试样时，主要是利用酸的以下（　　）性质。

A. 酸性　　B. 氧化性　　C. 配位性　　D. 还原性

## 三、判断题

1. 试样分解的目的是便于测定待测物质。（　　）

2. 试样分解时一定要使试样分解完全。（　　）

3. 使用高氯酸时必须在通风橱中进行。（　　）

4. 使用浓的、热高氯酸时，一定不能使它与有机物接触。（　　）

5. 稀释浓硫酸时，必须将浓硫酸缓慢倒入蒸馏水中。（　　）

6. 必须在通风的条件下使用氢氟酸（HF）。（　　）

7. 高温灰化前样品应进行预炭化。（　　）

8. 灰化分解试样时，应根据不同的待测组分选择不同的灰化温度。（　　）

9. 使用磷酸作溶剂分解试样时要注意分解温度，温度不能太高。（　　）

10. 当有机试样中含有易挥发的无机待测组分时，可采用高温灰化法分解该试样。（　　）

11. 无机物的分解方法有溶解法、熔融法、烧结法等。（　　）

12. 铂坩埚不能用来熔融含硫的待测试样。（　　）

13. 使用焦硫酸钾（$K_2S_2O_7$）作熔剂熔融分解试样时，对分解温度和分解时间没有限制。（　　）

14. 焦硫酸钾属于碱性熔剂，可用于分解酸性物质。（　　）

15. 用硼砂作熔剂时，应选用含结晶水的硼砂。（　　）

16. 王水是浓 HCl 与浓 $HNO_3$ 按 1∶3 的体积比混合起来的物质。（　　）

17. 硫王水是浓 HCl、浓 $HNO_3$、浓 $H_2SO_4$ 的混合物。（　　）

18. 随着硝酸的稀释，其氧化性能随之降低。（　　）

19. 浓硫酸可用来分解有机物。（　　）

20. 稀的 $HClO_4$ 既具有氧化性，又具有强酸的性质。 (  )

21. 用 $Na_2O_2$ 作熔剂时，不宜与有机物混合，以免发生爆炸。 (  )

22. 氢氟酸（HF）是弱酸，对人体无害，可用玻璃瓶或陶瓷器皿盛装。 (  )

23. 盛装氢氧化钠（NaOH）的试剂瓶可用玻璃塞盖住瓶口，且必须密封。 (  )

24. 磷酸对玻璃器皿有腐蚀作用。 (  )

25. 组分不明的试样不能使用铂坩埚加热或熔融。 (  )

## 四、简答题

1. 试样分解的目的、意义是什么？

2. 分解试样时应遵循什么原则？

3. 稀释浓硫酸时要注意哪些问题？

4. 酸分解法中的酸溶剂有哪些？适用于分解什么试样？

5. 碱分解法分解试样时常用的溶剂有哪些？适用于分解什么试样？

6. 简述 $HNO_3$、$Na_2O_2$ 溶（熔）剂对分解试样的作用。

7. 在进行消化分解操作时，需注意哪些相关事项？

8. 能不能用王水清洗弄脏的铂坩埚？使用铂坩埚时，需注意哪些问题？

9. 熔融法和烧结法有什么区别？各自有什么特点？

10. 使用焦硫酸钾熔融分解试样时，需注意哪些问题？

11. 高温灰化法和低温灰化法的特点是什么？两者分别适用于分解哪些试样？

12. 在分解试样时，如何降低试样的分解误差？

13. 分解无机试样和有机试样的主要区别有哪些？

14. 样品在灰化前为什么要进行炭化处理？

15. 对于难灰化的样品可采取什么措施加速试样的灰化速度？

16. 下列试样宜采用什么熔剂和坩埚进行熔融：铬铁矿，金红石（$TiO_2$），锡石（$SnO_2$），陶瓷，独居石？

17. 熔融分解常用的熔剂有哪些？常用于哪些试样的熔解？

18. 熔融分解时如何选择熔融器皿？

19. 分解试样常用的方法大致可分为哪几类？什么情况下采用熔融法？

20. 简述 HCl、HF、$H_2SO_4$、NaOH 等溶剂在分解试样中的作用，在使用这些溶剂对试样进行分解时，需注意哪些问题？

21. 测定锌合金中和铝合金中 Fe、Ni、Mn、Mg 的含量，应采用什么溶（熔）剂溶（熔）解试样？

22. 消解水样时，其 pH 值应保持在多少合适？

23. 消化分解的样品分为几类？

24. 用磷酸作溶剂分解待测试样时，应注意哪些问题？

25. 分解有机试样时可采用哪些分解方法？

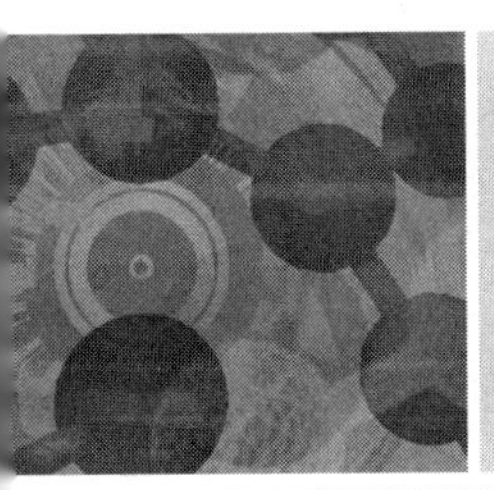

# 项目六 特殊检测样品的采集与制备

## 学习引导

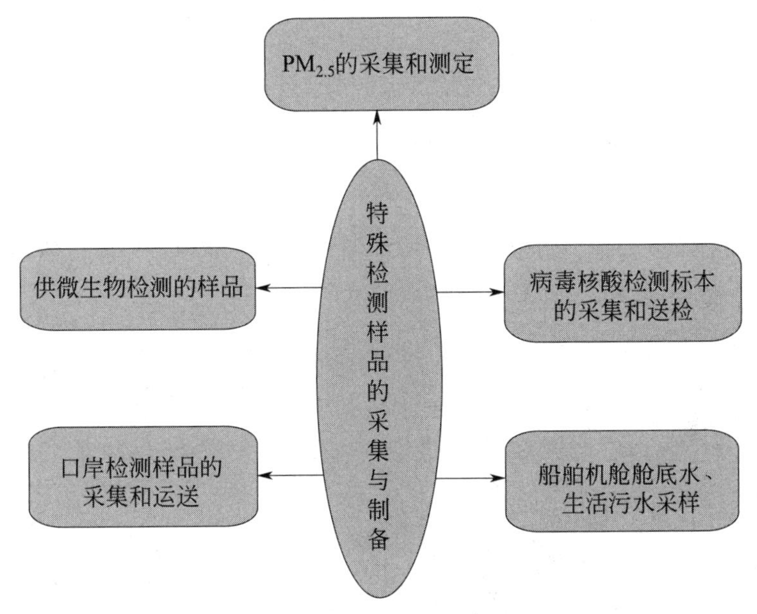


本项目属于拓展选学部分，内容编写上不追求系统、完整，也打破了前面的以固、液、气三种物态的划分，其目的是为了拓宽同学们的知识面，启发同学们思考试样采集和制备技术在各个领域中的应用。

## 知识一 $PM_{2.5}$的采集和测定

### 知识目标

- 理解$PM_{2.5}$的定义、来源、成分、危害；
- 熟悉$PM_{2.5}$采样的设备和采样时的注意事项。

## 能力目标

- 掌握 $PM_{2.5}$ 的采集和测定方法；
- 能正确使用 $PM_{2.5}$ 的采样设备，注意采样安全。

## 素质目标

- 具备客观、公正的采样态度；
- 具备严谨、认真、仔细的科学精神。

## 一、 $PM_{2.5}$ 是什么？

PM 是英文 particulate matter（颗粒物）的首字母缩写，$PM_{2.5}$ 是对空气中直径小于或等于 2.5μm 的固体颗粒或液滴的总称，这些颗粒如此细小，肉眼是看不到的，它们可以在空气中飘浮数天。如图 6-1，人类纤细的头发直径大约是 70μm，这就比最大的 $PM_{2.5}$ 还大了近 30 倍。

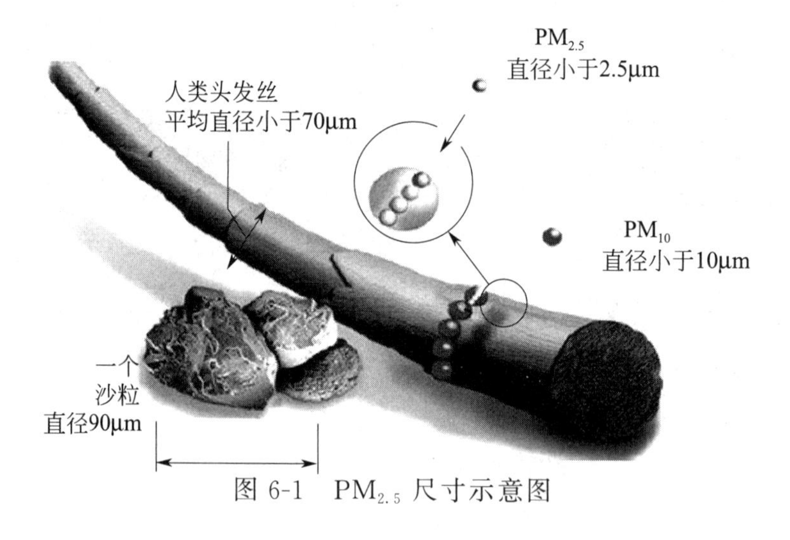


图 6-1 $PM_{2.5}$ 尺寸示意图

## 二、 $PM_{2.5}$ 来自哪里，都有些什么成分？

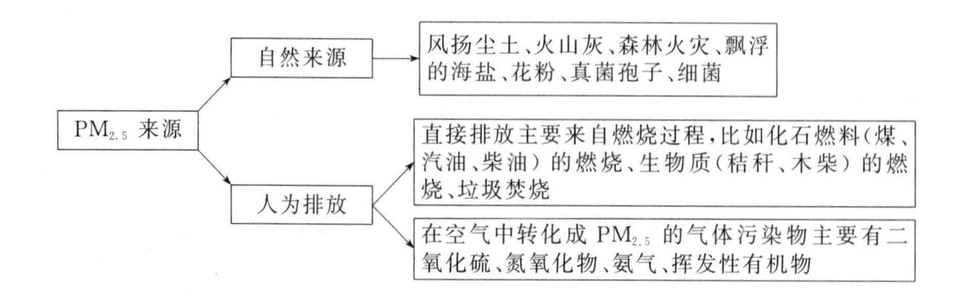

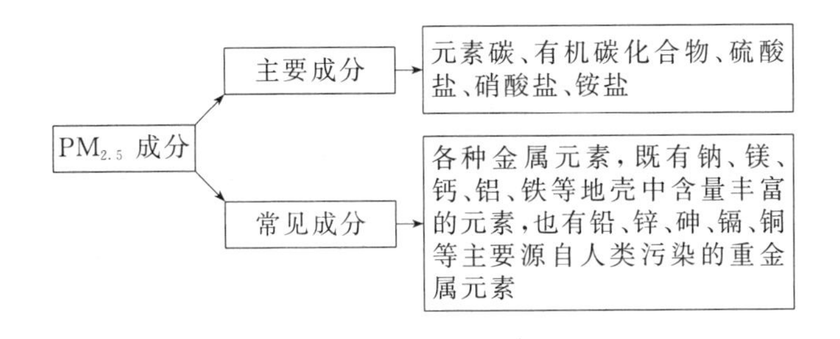


## 三、 $PM_{2.5}$ 的采集和测定

### 1. $PM_{2.5}$ 的采样设备

图 6-2 为 $PM_{2.5}$ 大流量颗粒物采样器。

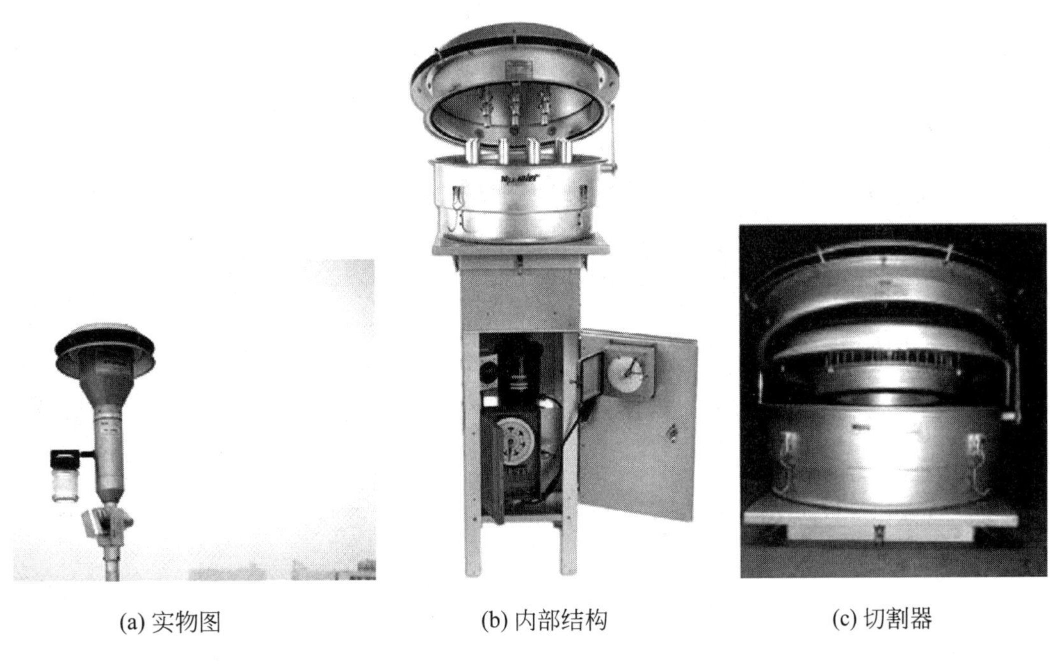

(a) 实物图　(b) 内部结构　(c) 切割器

图 6-2　$PM_{2.5}$ 大流量颗粒物采样器

因为风向不定，所以 $PM_{2.5}$ 大流量颗粒物采样器需要一个全方位的采样头来把颗粒送进采样器。一般的采样头看起来像一个漏斗，上面加了一个盖防止雨水和鸟粪，气流带着颗粒从盖子和漏斗之间的缝隙进入。

将 $PM_{2.5}$ 分离出来的切割器又是怎么工作的呢？在抽气泵的作用下，空气以一定的流速流过切割器时，那些较大的颗粒因为惯性大，一头撞在涂了油的部件上而被截留，惯性较小的 $PM_{2.5}$ 则绝大部分能随着空气顺利通过。也许你已经觉察到，这和发生在我们呼吸道里的情形是非常相似的：大颗粒易被鼻腔、咽喉、气管截留，而细颗粒则更容易到达肺的深处，从而产生更大的健康风险。

对于$PM_{2.5}$的切割器来说，2.5μm是一个踩在边线上的尺寸。直径恰好为2.5μm的颗粒有50%的概率能通过切割器。大于2.5μm的颗粒并非全被截留，而小于2.5μm的颗粒也不是全都能通过。例如，按照《环境空气$PM_{10}$和$PM_{2.5}$的测定重量法》的要求，3.0μm以上颗粒的通过率需小于16%，而2.1μm以下颗粒的通过率要大于84%。

特殊的结构加上特定的空气流速共同决定了切割器对颗粒物的分离效果，这两者稍有变化就会对测定产生很大的影响。

**注意事项**

① 采样时，采样器入口距地面的高度不得低于1.5m。采样不宜在风速大于8m/s等天气条件下进行。采样点应避开污染源及障碍物，如果测定交通枢纽处的$PM_{2.5}$，采样点应布置在距人行道边缘外侧1m处。

② 采用间断采样方式测定日平均浓度时，其次数不应少于4次，累积采样时间不少于18h。

**2. $PM_{2.5}$的测定**

目前，广泛采用的$PM_{2.5}$的测定方法有三种：重量法、β射线吸收法和微量振荡天平法。

（1）重量法　空气中飘浮着各种大小的颗粒物，$PM_{2.5}$是其中较细小的那部分，不难想到，测定$PM_{2.5}$的浓度需要分两步：

① 把$PM_{2.5}$与较大的颗粒物分离；

② 测定分离出来的$PM_{2.5}$的质量。

采样时，将已称重的滤膜用镊子放入洁净采样夹内的滤网上，滤膜毛面应朝进气方向。将滤膜牢固压紧至不漏气。如测任何一次浓度，每次需要更换滤膜；如测日平均浓度，样品可采集在一张滤膜上。采样结束用镊子取出，将有尘面两次对折放入样品盒或纸袋，并做好记录。然后用天平称重，这就是重量法。

样品的保存：滤膜采集后，如果不能立即称重，应在4℃条件下冷藏保存。

重量法是最直接、最可靠的方法，是验证其他方法是否准确的标杆。然而重量法需人工称重，程序烦琐费时。如果要实现自动监测，就需要用到另外两种方法。

（2）β射线吸收法　将 $PM_{2.5}$ 收集到滤纸上，然后照射一束β射线，射线穿过滤纸和颗粒物时由于被散射而衰减，衰减的程度和 $PM_{2.5}$ 的质量成正比。根据射线的衰减程度就可以计算出 $PM_{2.5}$ 的质量。

（3）微量振荡天平法　一头粗一头细的空心玻璃管，粗头固定，细头装有滤芯，空气从粗头进，细头出，$PM_{2.5}$ 就被截留在滤芯上。在电场的作用下，细头以一定的频率振荡，该频率和细头重量的平方根成反比。于是，根据振荡频率的变化，就可以算出收集到的 $PM_{2.5}$ 的质量。

## 四、 $PM_{2.5}$ 对健康的危害

$PM_{2.5}$ 主要对呼吸系统和心血管系统造成伤害，包括呼吸道刺激、咳嗽、呼吸困难、降低肺功能、加重哮喘、导致慢性支气管炎、心律失常、非致命性的心脏病、心肺病患者的过早死。老人、小孩以及心肺疾病患者是 $PM_{2.5}$ 污染的敏感人群。如果空气中 $PM_{2.5}$ 的浓度长期高于 $10mg/m^3$，死亡风险就开始上升。浓度每增加 $10mg/m^3$，总的死亡风险就上升 4%，心肺疾病的死亡风险上升 6%，肺癌的死亡风险上升 8%。

虽然肉眼看不见空气中的颗粒物，但是颗粒物却能降低空气的能见度，导致蓝天消失，天空变成灰蒙蒙的一片，这种天气就是灰霾天。$PM_{2.5}$ 是灰霾天能见度降低的主要原因。值得一提的是，灰霾天是颗粒物污染导致的，而雾天则是自然的天气现象，和人为污染没有必然的联系。两者的主要区别在于空气湿度，通常在相对湿度大于 90%时称为雾，而相对湿度小于 80%时称为霾，相对湿度在 80%～90%之间则为雾霾的混合体。

**讨论与交流**

① 中国的 $PM_{2.5}$ 标准和其他国家相比远吗？

② $PM_{10}$ 是什么，灰霾天是 $PM_{2.5}$ 引起的吗？

③ 全国的年均值只是用来反映我国颗粒物污染的总体现状，对于评价我们所在城市的空气质量意义并不大。我们更需要关注的是离我们生活、工作最近的监测点的数据。这个数据哪里有呢？请关注你在的城区实时 $PM_{2.5}$ 的数据和年平均值。

# 知识二　病毒核酸检测标本的采集和送检

**知识目标**

- 理解核酸检测标本采集的目的、作用；
- 熟悉病毒核酸检测的采样方式及采样工具的使用。

**能力目标**

- 能正确穿戴核酸检测采样时个人安全防护装备；
- 能正确掌握核酸检测的采样操作和采样注意事项；
- 能正确掌握采样标本处置和采样标本管理。

**素质目标**

- 具备采样时个人防护的意识；
- 具备客观、公正的采样态度；
- 具备严谨、规范、生物安全的科学精神。

## 一、核酸检测标本采集

### 1. 采样防护

如图 6-3 所示，核酸检测采样人员个人防护有防护服、N95 口罩、护目镜（防雾）或防护面屏、双层橡胶手套、靴套等。

### 2. 采样工具及配套用具

如图 6-4 所示，采样工具及配套用具有采样拭子、采样管、塑料密封袋、手消液、75%酒精喷壶、专用生物安全运输箱等。

### 3. 采样方式

核酸检测采集主要有 4 种方法：口咽拭子、鼻咽拭子、血清检测、肛拭子。

（1）口咽采集方法　被采集人员头部微仰，嘴张大，露出两侧扁桃体，采集

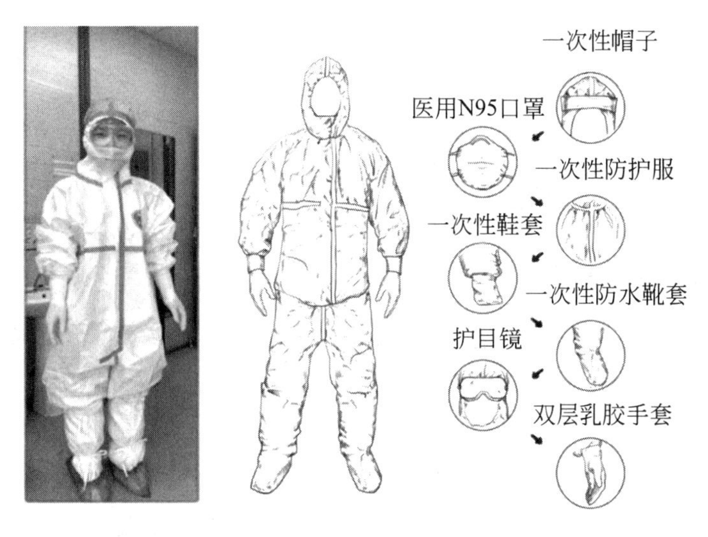


图 6-3　核酸检测采样人员个人防护

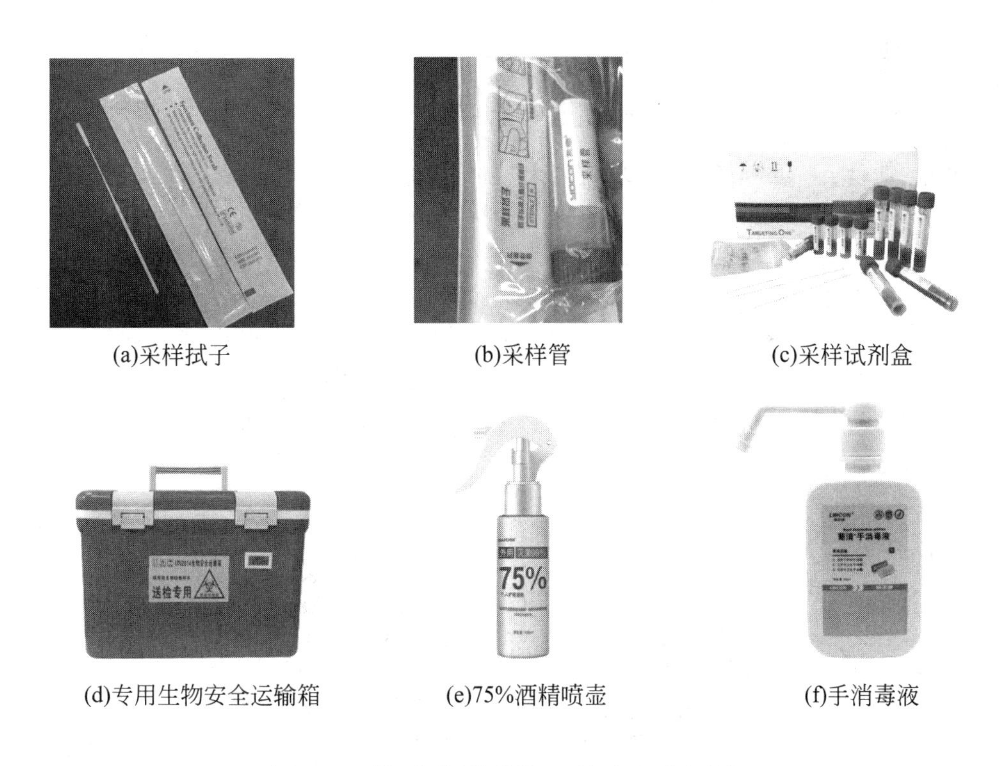


(a)采样拭子　(b)采样管　(c)采样试剂盒

(d)专用生物安全运输箱　(e)75%酒精喷壶　(f)手消毒液

图 6-4　核酸检测采样工具及配套用具

人员将拭子越过被采集人员舌根，在两侧咽扁桃体稍微用力来回擦拭至少 3 次，然后在咽后壁上下擦拭至少 3 次（见图 6-5）。

（2）鼻咽采集方法　被采集人员头部微仰，一手轻扶被采集人头部，一手持拭子贴鼻孔进入，沿下鼻道的底部向后缓缓深入（以垂直面部方向插入鼻道），直至感觉“触壁感”，轻轻旋转一圈，然后缓缓取出拭子。动作应轻柔，以免发生外伤出血。

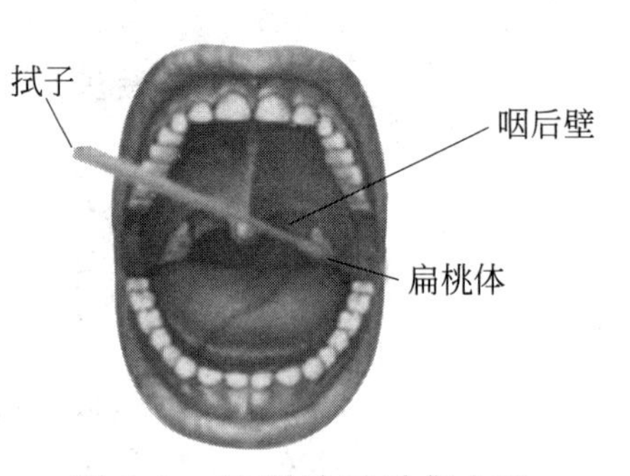

图 6-5 口咽拭子采集方法

(3) 血清检测采集方法 血清检测是提取静脉血分离血清，然后用仪器检测血清中是否有抗体。需要抽受测者体内的血液即抽血化验，所需要的时间也较短，15～30min 即可得到化验结果。该样品需医务人员采集，本书不再介绍。

(4) 肛拭子采集方法 被采集人员取侧卧位或膝胸卧位，采样人员将棉棒用生理盐水浸湿，紧贴着肛门壁插入直肠内，约 3～4cm，轻柔旋转 2 圈，轻轻旋出，旋出后要及时将棉签放入特定的密封容器中，送到检验室进行检测。

**4. 采样标本处置**

① 如图 6-6 所示，拭子采样操作完毕后，将拭子头置入管内、拭子折断点置于管口处，稍用力折断使拭子头落入采集管的液体中，弃去折断后的拭子杆，旋紧管盖。

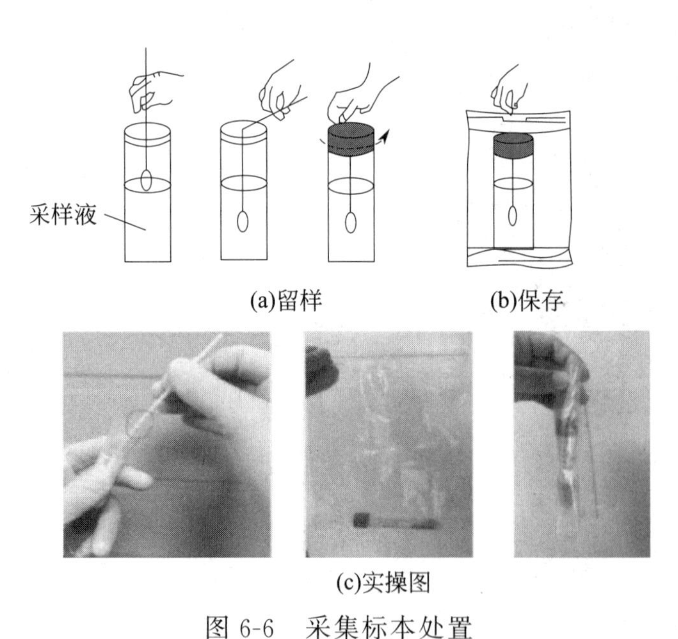

(a)留样 (b)保存

(c)实操图

图 6-6 采集标本处置

② 如图 6-6 所示，用酒精纱布消毒采集管后，装入透明的密封袋（一层容器），75%酒精喷洒密封袋外部，封口。

③ 如图 6-7 所示，将密封袋放入二层容器，75%酒精喷洒消毒，旋紧盖子。

④ 如图 6-8 所示，将二层容器放入具有“生物危害”标识的专用标本转运箱（推荐使用符合《危险品航空安全运输技术细则》A 类物品运输 UN2814 标准的转运箱），二层容器和转运箱之间应当放置降温凝胶冰袋。二层容器应固定在转运箱内，保持标本直立。

⑤ 每个采样后采样人员均应进行手消毒、更换手套，再进行下一个采样操作。

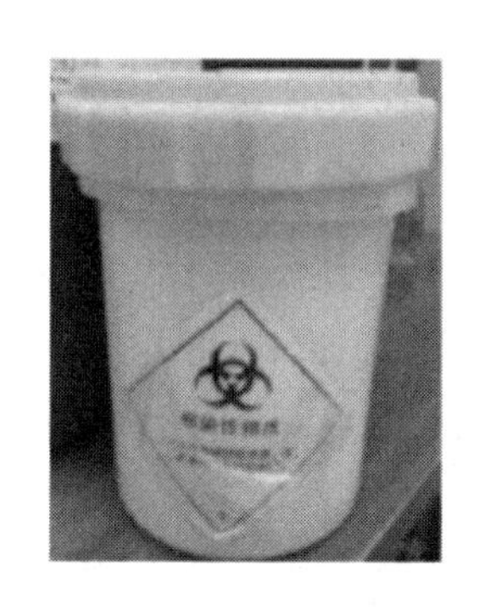

图 6-7　二层容器示例

图 6-8　核酸采样标本专用转运箱示例

**5. 采样标本管理**

① 标本包装：双层容器包装，放入转运箱。

② 标本送检：采样后放置不超过 4h，应在 2～4h 内送到实验室，如需长途运输标本，应采用干冰等制冷方式进行保存，严格按照相关规定包装运输。

③ 标本保存：标本应尽快检测，在 4h 内进行检测的可置于 4℃保存，24h 内无法检测的标本则应置于－70℃或以下保存（无条件则于－20℃冰箱暂存）。应当设立专库或专柜单独保存标本。运送期间避免反复冻融。

**6.“混采”标本**

混采指将采集数人的数支拭子集合于 1 个采集管中进行核酸检测的方法。

① 试用人群：试用于感染率较低的人群（1/5000～1/10000 即 5000 到 10000 个检测中只有一个阳性结果）。

② 不适用于：发热门诊、急诊患者以及感染率较高（如 1/100）的人群。

③ 混采较单采，减少 90%采样管的使用，减少 90%实验室核酸检测量。登记流程：采集前分配 5 或 10 个受检者为一组，采集前收集并登记受检者相关信

息（包括姓名、性别、身份证号、联系电话、采样日期、采样地点），按照组别进行采集管编号。便于及时追溯受检者。

以 10 合 1 混采为例，依照上述采集方法依次采集 10 支拭子，将完成采集的拭子放入同一采集管中，动作轻柔，避免气溶胶产生。连续采集 10 支拭子以后，旋紧管盖，防止溢洒。如采集管内拭子不足 10 支，应做好特殊标识并记录。核对采样管，混采登记本，确保准确完整。

**7. 采样注意事项**

进行核酸检测，往往是发生了疫情，因此需注意避免采样时发生传染。被采样者应配戴口罩，避免交谈。

## 三、核酸检测标本处理

① 取出样品。如图 6-9 所示，送到核酸检测实验室的样品需通过层层洗涤取出。

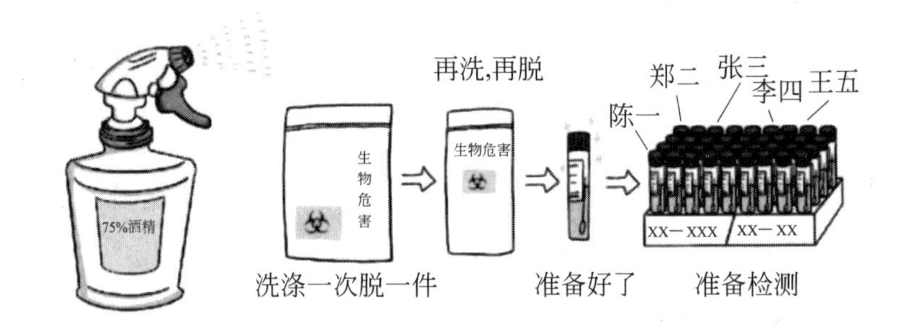


图 6-9　取出样品

② 标本签收及录入。标本在严密包装下被护送到实验室后，检验人员手工签收，录入信息系统。

③ 提取核酸。不是标本到了实验室就能直接用于检测的，还需要对标本进行前处理。将标本进行震荡混匀，使样本管内的核酸均匀分布。然后，如图 6-10 所示，检验人员将标本里的核酸提取出来。

④ 配制试剂。微量标本不易检测，因此要让病毒核酸变多，这就叫扩增。配制的试剂为扩增用的反应液，这一步可以提取核酸同时进行。配置试剂必须保证零污染，精确操作。有多少份标本就需要配置多少份扩增试剂，就需要多少份 EP 试管（图 6-11）。配制时要做好保护，不能污染。

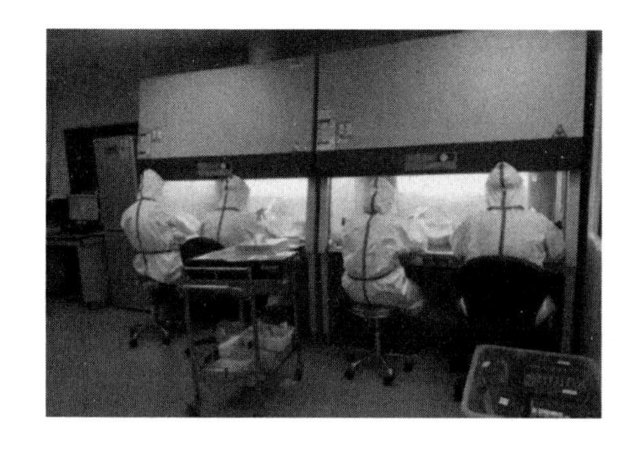

图 6-10　核酸提取

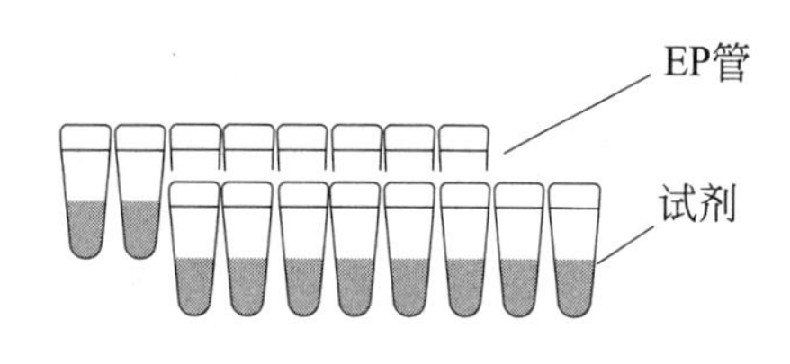


图 6-11　配制试剂

⑤ 加样。提取完成的核酸样本，加入扩增用的反应液中进行扩增。之后即可使用检测设备进行检测了。

## 知识三　供微生物检测的样品采集和保存

### 知识目标

- 知道微生物检验的作用和意义；
- 了解食品微生物检验对实验室的要求、样品采集方法和检验方法；
- 了解公共场所公共用品用具微生物采样方法和化妆品微生物标准检验方法中样品的采集和注意事项。

### 能力目标

- 能正确使用基本的微生物采样和检验的仪器设备，能做好相应的防护措施；
- 能进行简单的微生物采样和检验操作。

### 素质目标

- 具备微生物采样和检验的安全防范意识；
- 提高自主学习和终身学习的能力。

微生物检验在商品检验中的意义和作用不容小觑，涉及领域包括食品、药品、化妆品、环境等方面并不断扩大。它与人们的生活和健康息息相关，微生物检测有其特殊的要求和规范，相应地，根据分析对象和目的的不同，供微生物检测样品的采样、制备和保存的要求也各有特色，以下以食品、公共场所公共用品用具和化妆品的微生物检验为例，介绍相应的样品采集处理和保存方法。

## 一、食品微生物采样

### 1. 采样原则

根据检验目的、食品特点、批量、检验方法、微生物的危害程度等确定采样方案。

① 应采用随机原则进行采样，确保所采集的样品具有代表性。

② 采样过程遵循无菌操作程序，防止一切可能的外来污染。

③ 样品在保存和运输的过程中，应采取必要的措施防止样品中原有微生物的数量变化，保持样品的原有状态。

### 2. 各类食品的采样方法

采样应遵循无菌操作程序，采样工具和容器应无菌、干燥、防漏，形状及大小适宜，示例见图 6-12。

① 即食类预包装食品。取相同批次的最小零售原包装，检验前要保持包装的完整，避免污染。

② 非即食类预包装食品。原包装小于 500g 的固态食品或小于 500mL 的液态食品，取相同批次的最小零售原包装。

大于 500mL 的液态食品，应在采样前摇动或用无菌棒搅拌液体，使其达到均质后分别从相同批次的 $n$ 个容器中采集 5 倍或以上检验单位的样品。

大于 500g 的固态食品，应用无菌采样器从同一包装的几个部位分别采取适量样品，放入同一个无菌采样容器内，采样总量应满足微生物指标检验的要求。

③ 散装食品或现场制作食品。根据不同食品的种类和状态及相应检验方法中规定的检验单位，用无菌采样器现场采集 5 倍或以上检验单位的样品，放入无菌采样容器内，采样总量应满足微生物指标检验的要求。

④ 食源性疾病及食品安全事件的食品样品。采样量应满足食源性疾病诊断和食品安全病因判定的检验要求。

(a) 酒类采样

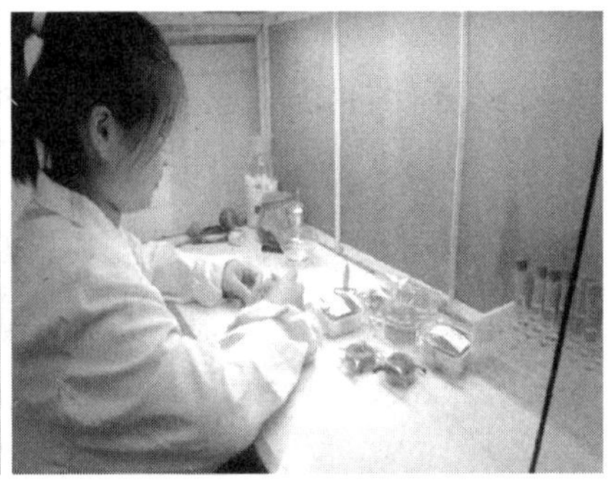

(b) 糕点类食品采样

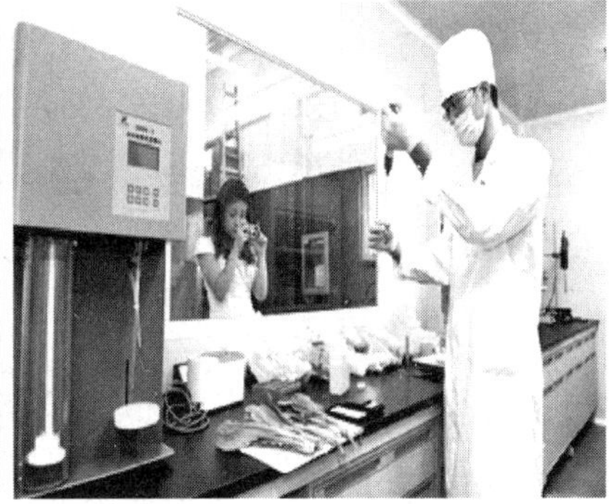

(c) 超市中的快速检测实验室

(d) 肉类采样

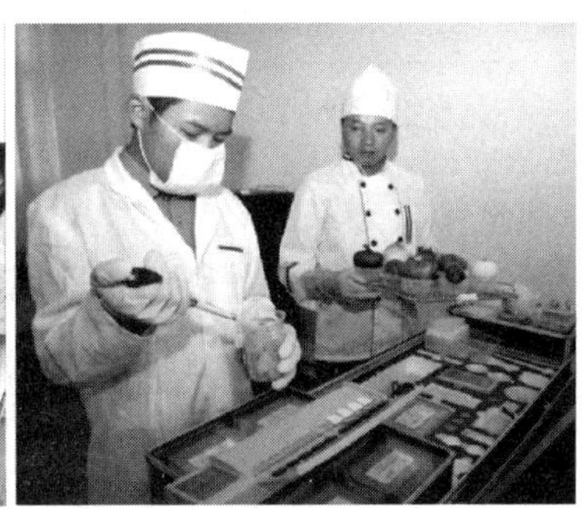

(e) 蔬菜水果采样

图 6-12　食品采样示例

### 3. 采集样品的标记

应对采集的样品进行及时、准确地记录和标记，采样人应清晰填写采样单（包括采样人、采样地点、时间、样品名称、来源、批号、数量、保存条件等信息）。

### 4. 样品保存

实验室接到送检样品后应认真核对登记，确保样品的相关信息完整并符合检控要求。

实验室应按要求尽快检验。若不能及时检验，应采取必要的措施保持样品的原有状态，防止样品中目标微生物因客观条件的干扰而发生变化。

冷冻食品应在45℃以下不超过15min，或2～5℃不超过18h解冻后进行检验。

## 二、公共场所公共用品用具微生物采样方法

如图6-13所示，公共场所公共用品用具微生物采样时，随机抽取清洗消毒后准备使用的公共用品用具，无菌操作，使用灭菌干燥棉拭子，于10mL灭菌生理盐水内浸润（吸取约1mL溶液）后，在用品用具的适当部位来回均匀涂抹进行样品采集，再用灭菌剪刀剪去棉签手接触的部分，将棉拭子放入剩余的9mL生理盐水内，4h内送检。

采样部位与采样面积如表6-1所示。

**表6-1　公共场所公共用品采样部位与采样面积**

| 公共用品名称 | | 采样部位 | 采样面积 |
|---|---|---|---|
| 杯具 | | 在茶具内、外缘与口唇接触处，即1～5cm高处一圈采样 | 采样总面积为50$cm^2$ |
| 棉织品 | 毛巾、枕巾、浴巾 | 在对折后两面的中央5cm×5cm（25$cm^2$）面积范围内分别均匀涂抹5次 | 每25$cm^2$采样面积为1份样品，每件用品共采集2份样品 |
| | 床单、被单 | 上下两部即与颈部、脚部接触部位5cm×5cm（25$cm^2$）面积范围内分别均匀涂抹5次 | |
| | 睡衣、睡裤 | 随机选择2个5cm×5cm（25$cm^2$）面积范围内分别均匀涂抹5次 | |
| 洁具 | 浴盆 | 在盆内一侧壁1/2高度及盆地中央5cm×5cm（25$cm^2$）面积范围内分别涂抹采样 | |
| | 脸（脚）盆 | 在盆内1/2高度相对两侧壁5cm×5cm（25$cm^2$）面积范围内分别涂抹采样 | |
| | 坐便器 | 在坐便器圈前部弯曲处选择2个5cm×5cm（25$cm^2$）面积范围内分别涂抹采样 | |
| | 按摩床（椅） | 在床（椅）面中部选择2个5cm×5cm（25$cm^2$）面积范围内分别涂抹采样 | |
| 鞋类 | | 在每只鞋的鞋内与脚趾接触处5cm×5cm（25$cm^2$）面积范围内分别均匀涂抹5次 | 1双鞋为1份样品，采样总面积为50$cm^2$ |
| 购物车（筐） | | 在车（筐）把手处选择2个5cm×5cm（25$cm^2$）面积范围内分别均匀涂抹5次 | 1件物品为1份样品，采样总面积为50$cm^2$ |

续表

| 公共用品名称 | | 采样部位 | 采样面积 |
|---|---|---|---|
| 美容美发美甲用品 | 理发推子 | 应在推子的前部上下均匀各涂抹3次 | 采样面积达到$25cm^2$为1份样品 |
| | 理发刀、剪 | 在刀、剪两面各涂抹1次 | |
| | 美容美甲用品 | 与人体接触处涂抹采样 | |
| | 修脚工具 | 在修脚工具与人体接触处涂抹采样 | 采样面积达到$50cm^2$为1份样品 |
| 其他用品 | | 在用品与人体接触处选择2个5cm×5cm面积范围内分别采样 | 每$25cm^2$采样面积为1份样品，每件用品共采集2份样品 |

(a) 大巴士公共用品采样

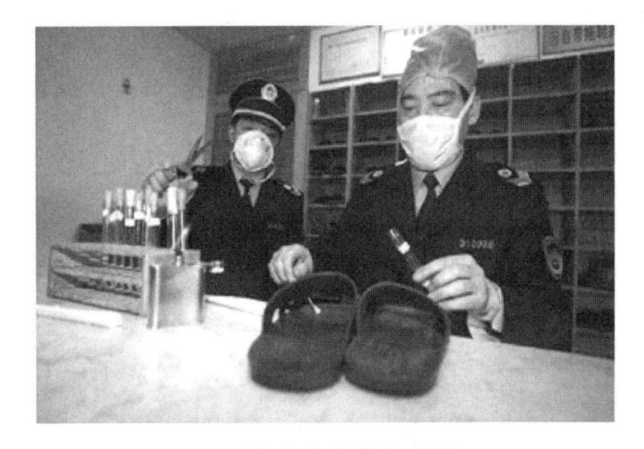

(b) 浴室公共用品采样

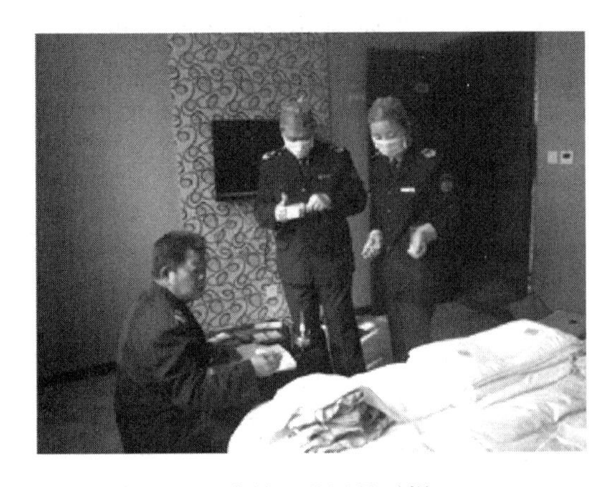

(c) 宾馆公共用品采样

(d) 餐厅公共用品采样

图 6-13

(e) 泳池公共用品采样

图 6-13　公共场所公共用品用具微生物采样

## 三、化妆品微生物采样

样品的采集及注意事项如下。

① 所采集的样品，应具有代表性，一般视每批化妆品的数量大小，随机抽取相应数量的包装单位。检验时，应分别从两个包装单位以上的样品中共取 10g 或 10mL。包装量小的样品，取样量可酌减。

② 供检样品，应严格保持原有的包装状态。容器不应有破裂，在检验前不得开启，以防再污染。

③ 接到样品后，应立即登记，编写检验序号，并按检验要求尽快检验。如不能及时检验，样品应放在室温阴凉干燥处，不要冷藏或冷冻。

④ 若只有一个样品而同时需做多种分析，如细菌、毒理、化学等，则宜先取出部分样品做细菌检验，再将剩余样品做其他分析。

⑤ 在检验过程中，从开封到全部检验操作结束，均须防止微生物的再污染和扩散，所用器皿及材料均应事先灭菌，全部操作应在无菌室内进行。或在相应条件下，按无菌操作的规定进行。

⑥ 如检出粪大肠菌群或其他致病菌，自报告发出起该菌种及被检样品应保存一个月备查。

**讨论与交流**

在分析检验工作中，由于样品检测的项目和目的不同，因此采样、制备和保存的要求也不同，请以食品、公共场所公共用品用具和化妆品中供微生物检验的项目为例，讨论样品采集和制备的要点。

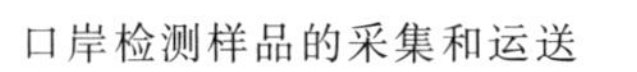

口岸检测样品的采集和运送

船舶机舱舱底水、生活污水采样

本项目课件

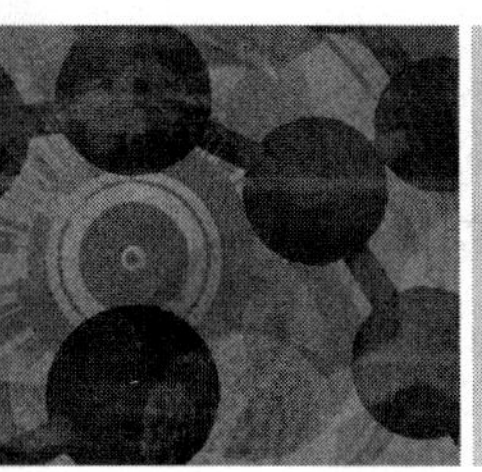

# 附录 随机数表

| | | | | |
|---|---|---|---|---|
| 03 47 48 73 86 | 36 96 47 36 61 | 46 98 63 71 62 | 33 26 16 80 45 | 60 11 14 10 95 |
| 97 74 24 67 62 | 42 81 14 57 20 | 42 53 32 37 32 | 27 07 36 07 51 | 24 51 79 89 73 |
| 16 76 62 27 66 | 56 50 26 71 07 | 32 90 79 78 53 | 13 55 38 58 59 | 88 97 54 14 10 |
| 12 56 85 99 26 | 96 96 68 27 31 | 05 03 72 93 15 | 57 12 10 14 21 | 88 26 49 81 76 |
| 55 59 56 35 64 | 38 54 82 46 22 | 31 62 43 09 90 | 06 18 44 32 53 | 23 83 01 30 30 |
| 16 22 77 94 39 | 49 54 43 54 82 | 17 37 93 23 78 | 87 35 20 96 43 | 34 26 34 91 64 |
| 84 42 17 53 31 | 57 24 55 06 88 | 77 04 74 47 67 | 21 76 33 50 25 | 83 92 12 06 76 |
| 63 01 63 78 59 | 16 95 55 67 19 | 98 10 50 71 75 | 12 86 73 58 07 | 44 39 52 38 79 |
| 33 21 12 34 29 | 78 64 56 07 82 | 52 42 07 44 38 | 15 51 00 13 42 | 99 66 02 79 54 |
| 57 60 86 32 44 | 09 47 27 96 54 | 49 17 46 09 62 | 90 52 84 77 27 | 08 02 73 43 28 |
| 18 18 07 92 45 | 44 17 16 58 09 | 79 83 86 19 62 | 06 76 50 03 10 | 55 23 64 05 05 |
| 26 62 38 97 75 | 84 16 07 44 99 | 83 11 46 32 24 | 20 14 85 88 45 | 10 93 72 88 71 |
| 23 42 40 64 74 | 82 97 77 77 81 | 07 45 32 14 08 | 32 98 94 07 72 | 93 85 79 10 75 |
| 52 36 28 19 95 | 50 92 26 11 97 | 00 56 76 31 38 | 80 22 02 53 53 | 86 60 42 04 53 |
| 37 85 94 35 12 | 83 39 50 08 30 | 42 34 07 96 88 | 54 42 06 89 98 | 35 85 29 48 39 |
| 70 29 17 12 13 | 40 33 20 38 26 | 13 89 51 03 74 | 17 76 37 13 04 | 07 74 21 19 30 |
| 56 62 18 37 35 | 96 83 50 89 75 | 97 12 25 93 47 | 70 33 24 03 54 | 97 77 46 44 80 |
| 99 49 57 22 77 | 88 42 95 45 72 | 16 64 36 16 00 | 04 43 18 66 79 | 94 77 24 21 90 |
| 16 08 15 04 72 | 33 27 14 34 09 | 45 59 34 68 49 | 12 72 07 34 45 | 99 27 72 95 14 |
| 31 16 93 32 43 | 50 27 89 87 19 | 20 15 37 00 49 | 52 85 66 60 44 | 38 68 88 11 30 |
| 68 34 30 13 70 | 55 74 30 77 40 | 44 22 78 84 26 | 04 33 46 09 52 | 68 07 97 06 57 |
| 74 57 25 65 76 | 59 29 97 68 60 | 71 91 38 67 54 | 13 58 18 24 76 | 15 54 55 95 52 |
| 27 42 37 86 53 | 48 55 90 65 72 | 96 57 69 36 10 | 96 46 92 42 45 | 97 60 49 04 91 |
| 00 39 68 29 61 | 66 37 32 20 30 | 77 84 57 03 29 | 10 45 65 04 26 | 11 04 96 67 24 |
| 29 94 98 94 24 | 68 49 69 10 82 | 53 75 91 93 30 | 34 25 20 57 27 | 40 48 73 51 92 |
| 16 90 82 66 59 | 83 62 64 11 12 | 67 19 00 71 74 | 60 47 21 29 68 | 02 02 37 03 31 |
| 11 27 94 75 06 | 06 09 19 74 66 | 02 94 37 34 02 | 76 70 90 30 86 | 38 45 94 30 38 |
| 35 24 10 16 20 | 33 32 51 26 38 | 79 78 45 04 91 | 16 92 53 56 16 | 02 75 50 95 98 |
| 38 23 16 86 38 | 42 38 97 01 50 | 89 75 66 81 41 | 40 01 74 91 62 | 48 51 84 08 32 |
| 31 96 25 91 47 | 96 44 33 49 13 | 34 86 82 53 91 | 00 52 43 48 85 | 27 55 26 89 62 |

续表

| | | | | |
|---|---|---|---|---|
| 66 67 40 67 14 | 64 05 71 95 86 | 11 05 65 09 68 | 76 83 20 37 90 | 57 16 00 11 66 |
| 14 90 84 45 11 | 75 73 88 05 90 | 52 27 41 14 86 | 22 98 12 22 08 | 07 52 74 95 80 |
| 68 05 51 18 00 | 33 96 02 75 19 | 07 60 62 93 55 | 59 33 82 43 90 | 49 37 38 44 59 |
| 20 46 78 73 90 | 97 51 40 14 02 | 04 02 33 31 08 | 39 54 16 49 36 | 47 95 93 13 30 |
| 64 19 58 97 79 | 15 06 15 93 20 | 01 80 10 75 06 | 40 78 78 89 62 | 02 67 74 17 33 |
| 05 26 93 70 60 | 22 35 85 15 13 | 92 03 51 59 77 | 59 56 78 06 83 | 52 91 05 70 74 |
| 07 97 10 88 23 | 09 98 42 99 64 | 61 71 62 99 15 | 06 51 29 16 93 | 58 05 77 09 51 |
| 68 71 86 85 85 | 54 87 66 47 54 | 73 32 08 11 12 | 44 95 92 63 16 | 29 56 24 29 48 |
| 26 99 61 65 53 | 58 37 78 80 70 | 42 10 50 67 42 | 32 17 55 85 74 | 94 44 67 16 64 |
| 14 65 52 68 75 | 87 59 36 22 41 | 26 78 23 06 55 | 13 08 27 01 50 | 15 29 39 39 43 |
| 17 53 77 58 71 | 71 41 61 50 72 | 12 41 94 96 26 | 44 95 27 36 99 | 02 96 74 30 83 |
| 90 26 59 21 19 | 23 52 23 33 12 | 96 93 02 18 39 | 07 02 18 36 07 | 25 99 32 70 23 |
| 41 23 52 55 99 | 31 04 49 69 96 | 10 47 48 45 88 | 13 41 43 89 20 | 97 17 14 49 17 |
| 60 20 50 81 60 | 31 99 73 68 68 | 35 81 33 03 76 | 24 30 12 48 60 | 18 99 10 72 34 |
| 91 25 38 05 90 | 94 58 28 41 36 | 45 37 59 03 09 | 90 35 57 29 12 | 82 62 54 65 60 |
| 34 50 57 74 37 | 93 80 33 00 91 | 09 77 93 19 82 | 74 94 80 04 04 | 45 07 31 66 49 |
| 85 22 04 39 43 | 73 81 53 94 79 | 33 62 46 86 28 | 08 31 54 46 31 | 53 94 13 38 47 |
| 09 79 13 77 48 | 73 82 97 22 21 | 05 03 27 24 83 | 73 89 44 05 60 | 35 80 39 94 88 |
| 88 75 80 18 14 | 22 95 75 42 49 | 39 32 82 22 49 | 02 48 07 70 37 | 16 04 61 67 87 |
| 90 96 23 70 00 | 39 00 03 06 90 | 55 85 78 38 36 | 94 37 30 69 32 | 90 89 00 76 33 |
| 53 74 23 99 67 | 61 32 28 69 84 | 94 62 67 86 24 | 98 33 41 19 95 | 47 53 53 33 09 |
| 63 38 06 86 54 | 99 00 65 26 94 | 02 82 90 23 07 | 79 62 67 80 60 | 75 91 12 81 19 |
| 35 30 58 21 46 | 06 72 17 10 94 | 25 21 31 75 96 | 49 28 24 00 49 | 55 65 79 78 07 |
| 63 43 36 82 69 | 65 51 18 37 88 | 61 38 44 12 45 | 32 92 85 88 65 | 54 34 81 85 35 |
| 98 25 37 55 26 | 01 91 82 81 46 | 74 71 12 94 97 | 24 02 71 37 07 | 03 92 18 66 75 |
| 02 63 21 17 69 | 71 50 80 89 56 | 38 15 70 11 48 | 43 40 45 86 98 | 00 83 26 97 03 |
| 84 55 22 21 82 | 48 22 28 06 00 | 61 54 13 43 91 | 82 78 12 23 29 | 06 66 24 12 27 |
| 85 07 26 13 89 | 01 10 07 82 04 | 59 63 69 36 03 | 69 11 15 83 80 | 16 29 54 19 21 |
| 58 54 16 24 15 | 51 54 44 82 00 | 62 61 65 04 69 | 38 18 65 18 98 | 85 72 13 49 21 |
| 34 85 27 84 87 | 61 48 64 56 26 | 90 18 48 13 26 | 37 70 15 42 57 | 65 65 80 39 07 |
| 03 92 18 27 46 | 57 99 16 96 56 | 30 93 72 85 22 | 84 64 38 56 98 | 99 01 30 93 64 |
| 62 93 30 27 59 | 37 75 41 66 48 | 86 97 80 61 45 | 23 53 04 01 63 | 45 76 08 64 27 |
| 08 45 93 15 22 | 60 21 75 46 91 | 98 77 27 85 42 | 28 88 61 08 84 | 69 62 03 42 73 |
| 07 08 55 18 40 | 45 44 75 13 90 | 24 94 96 61 02 | 57 55 66 83 15 | 73 42 37 11 61 |
| 01 85 39 95 66 | 51 10 19 34 88 | 15 84 97 19 75 | 12 76 39 43 78 | 64 63 91 03 25 |
| 72 84 71 14 35 | 19 11 58 49 26 | 50 11 17 17 76 | 86 31 57 20 18 | 95 60 73 46 75 |
| 88 78 28 16 84 | 18 52 53 94 53 | 75 45 69 30 96 | 73 89 65 70 31 | 99 17 43 48 76 |
| 45 17 75 65 57 | 28 40 19 72 12 | 25 12 74 75 67 | 60 40 60 31 19 | 24 62 01 61 62 |
| 96 76 28 12 54 | 22 01 11 94 25 | 71 96 16 16 83 | 63 64 36 74 45 | 19 59 50 38 92 |
| 48 31 67 72 30 | 24 02 94 08 63 | 98 82 36 66 02 | 69 36 98 25 39 | 48 03 45 15 12 |

续表

| | | | | |
|---|---|---|---|---|
| 50 44 66 44 21 | 66 06 58 05 62 | 68 15 54 35 02 | 42 35 48 96 32 | 14 52 41 52 43 |
| 22 66 22 15 86 | 26 63 75 41 99 | 58 42 36 72 24 | 58 37 52 18 51 | 03 37 18 39 11 |
| 96 24 40 14 51 | 23 22 30 88 57 | 95 67 47 29 83 | 94 69 40 06 07 | 18 16 36 78 86 |
| 81 73 91 61 19 | 60 20 72 93 48 | 98 57 07 23 69 | 65 95 39 69 58 | 56 80 30 19 44 |
| 78 60 73 99 84 | 43 89 94 36 45 | 56 69 47 07 41 | 90 22 91 07 12 | 78 35 34 08 72 |
| 84 37 90 61 56 | 70 10 23 93 05 | 85 11 34 76 60 | 76 48 45 34 60 | 01 64 18 39 96 |
| 36 67 10 08 23 | 98 93 35 08 86 | 99 29 76 29 81 | 33 34 91 58 93 | 63 14 52 32 52 |
| 07 28 59 07 48 | 89 64 58 89 75 | 83 85 62 27 89 | 30 14 78 56 27 | 86 63 59 80 02 |
| 10 15 83 87 60 | 79 24 31 66 56 | 21 48 24 06 93 | 91 98 94 05 49 | 01 47 59 38 00 |
| 55 19 68 97 65 | 03 73 52 16 56 | 00 53 55 90 27 | 33 42 29 38 87 | 22 33 88 83 34 |
| 53 81 29 13 39 | 35 01 20 71 34 | 62 33 74 82 14 | 53 73 19 09 03 | 56 54 29 56 93 |
| 51 86 32 68 92 | 33 93 74 66 99 | 40 14 71 94 53 | 45 94 19 38 81 | 14 44 99 81 07 |
| 35 91 70 29 13 | 80 03 54 07 27 | 96 94 78 32 66 | 50 95 52 74 33 | 13 30 55 62 54 |
| 37 71 67 95 13 | 20 02 44 95 94 | 64 85 04 05 72 | 01 32 90 76 14 | 53 89 74 60 41 |
| 93 66 13 83 27 | 92 79 64 64 72 | 28 54 96 53 84 | 48 14 52 98 94 | 56 07 93 39 30 |
| 02 96 08 45 65 | 13 05 00 41 84 | 93 07 54 72 59 | 21 45 57 09 77 | 19 48 56 27 44 |
| 49 83 43 48 35 | 82 88 33 69 96 | 72 36 04 19 76 | 47 45 15 18 60 | 82 11 08 92 97 |
| 84 60 71 62 46 | 40 80 81 30 37 | 34 39 23 05 33 | 25 15 35 71 30 | 88 12 57 21 77 |
| 18 17 30 83 71 | 44 91 14 88 47 | 89 23 30 63 15 | 56 34 20 47 89 | 99 82 93 23 93 |
| 79 69 10 61 78 | 71 32 76 95 62 | 87 00 22 58 40 | 92 54 01 75 25 | 43 11 71 99 31 |
| 75 93 36 57 83 | 56 20 14 82 11 | 74 21 97 90 65 | 96 42 68 63 86 | 74 54 13 26 94 |
| 38 30 92 29 03 | 06 28 81 39 38 | 62 25 06 84 63 | 61 29 08 93 67 | 04 32 92 08 09 |
| 51 29 50 10 34 | 31 57 75 95 80 | 51 97 02 74 77 | 76 15 48 49 44 | 18 55 63 77 09 |
| 21 31 33 86 24 | 37 79 81 53 74 | 73 24 16 10 33 | 52 83 90 94 76 | 70 47 14 54 36 |
| 29 01 23 87 88 | 58 02 39 37 67 | 42 10 14 20 92 | 16 55 23 42 45 | 54 96 09 11 06 |
| 95 33 95 22 00 | 18 74 72 00 18 | 38 79 58 66 32 | 81 76 80 26 92 | 82 80 84 25 39 |
| 90 84 60 79 80 | 24 36 59 87 38 | 82 07 53 89 35 | 96 35 23 79 18 | 05 98 90 07 35 |
| 46 40 62 98 82 | 54 97 20 56 95 | 15 74 80 08 32 | 16 46 70 50 80 | 67 72 16 42 79 |
| 20 31 89 03 43 | 38 46 82 68 72 | 32 14 82 99 70 | 80 60 47 18 97 | 63 49 30 21 30 |
| 71 59 73 05 50 | 08 22 23 71 77 | 91 01 93 20 49 | 82 96 59 26 94 | 66 39 67 98 60 |

# 参 考 文 献


[1] 干洪珍．化工分析．北京：化学工业出版社，2010.

[2] 吉分平．工业分析．2版．北京：化学工业出版社，2008.

[3] 周心如．化验员读本（上册）．5版．北京：化学工业出版社，2017.

[4] 梁红，周清．工业分析（修订版）．北京：中国环境科学出版社，2010.

[5] 张小康，张正兢．工业分析．3版．北京：化学工业出版社，2017.

[6] 刘淑娟．工业分析化学实验．2版．北京：化学工业出版社，2018.

[7] 盛晓东．工业分析技术．2版．北京：化学工业出版社，2017.

[8] 张永清．化学分析工．2版．北京：中国劳动社会保障出版社，2014.